“走近科学”高端科普系列

数学物理趣谈

从无穷小开始

张天蓉◎著

科学出版社
北京

内 容 简 介

本书重点介绍了现代物理中常用的一些数学方法，包括微积分、变分法、微分方程、微分几何等领域的基础知识。作者以深入浅出的解释、直观明白的图像、生动有趣的语言，使你初步了解这些基础的数学概念，以及与它们相关的物理应用实例。带领你追溯数学物理的源头，从趣味中体会数学之美，带你进入数学物理及与其发展紧密相关的理论物理的大门。

图书在版编目（CIP）数据

数学物理趣谈　从无穷小开始／张天蓉著.—北京：科学出版社，2015（2023.12重印）

（“走进科学”高端科普系列）

ISBN　978-7-03-043772-3

Ⅰ.①数…　Ⅱ.①张…　Ⅲ.①数学-普及读物　②物理学-普及读物　Ⅳ.①01-49　②04-49

中国版本图书馆CIP数据核字（2015）第51367号

责任编辑：杨　凯／责任制作：魏　谨
责任印制：霍　兵／封面设计：柏拉图

北京东方科龙图文有限公司　制作
http://www.okbook.com.cn

科学出版社　出版
北京东黄城根北街16号
邮政编码：100717
http://www.sciencep.com

北京虎彩文化传播有限公司　印刷
科学出版社发行　各地新华书店经销

*

2015年 3月第　一　版　开本：720×1000　1/16
2023年12月第八次印刷　印张：12 1/4
字数：140 000

定价：38.00元

引言　数蕴哲学，物含妙理

著名物理学家杨振宁在台湾作的一次演讲《二十世纪数学与物理的分与合》中，谈到数学与物理学之间的微妙关系时说，数学和物理如“书画同源”，来自一个源头，曾经一度分家，而到了现代，似乎又产生了密不可分的关系。

考察数学和物理发展的历史，的确可以说是“数理同源”，这两个科学上最重要的分支，它们的关系如同男女之间的恋爱、结合、离婚、结婚，错综又复杂，真实而自然，可谓妙不可言。

在古希腊的时候，所有的科学都没有区别，几乎每个科学家都是全才：既是数学家，又是物理学家，也是哲学家。大概因为那时候科学水平还比较低，完全不同于现在这种“隔行如隔山”的局面。并且，令我们现在搞科学的人妒忌的是：那时候的科学家们，所思考的都是“大”问题：宇宙、天地、星星、月亮，生命的起源，万物的秘密……那个年代可能也只有这种大问题可想，因为人类的知识宝库里还只有简略的几条框框，没有这个定律那个定理、这个技术那个工程的。既没有繁杂无比的公式可推导，也不需要用计算机编程序来进行十天半月之久的大量数字计算，科学家们动脑袋的时间多，因而他们几乎全都是杰出的思想家。

阿基米德（公元前287～前212年）便是古希腊这样一位思考

“大”事情的伟大人物。他被认为是历史上最伟大的数学家之一，同时又是伟大的物理学家。不过，阿基米德除了思考之外，动手能力也极强，因此，他被冠以的头衔很多：哲学家、数学家、物理学家、发明家、工程师、天文学家等。

阿基米德距离我们的时代已经有2200多年，但他在数学、物理、天文等方面的造诣之深，不得不令我们现代人也惊叹万分，特别是前几年才使用现代科技方法恢复重现的阿基米德的手稿《失落的羊皮书》，让我们真正见识了这位伟人的超时代智慧。

阿基米德在数学上成就非凡。他利用所发明的“逼近法”，算出了球面的面积、球体的体积、椭圆和抛物线等所围成的平面图形的面积，他还研究出螺旋形曲线，即现代称之为“阿基米德螺线”的性质。直到1800多年之后，牛顿和莱布尼茨才依据类似的极限思想，将其发展成了近代的“微积分”概念。

物理上，阿基米德发现浮力定律的故事被广为流传。据说阿基米德为了帮助叙拉古的国王戳穿金匠掺假造皇冠一事，而想办法测量形状复杂的皇冠的体积，为此他绞尽了脑汁未得其法。后来有一天，当阿基米德浸泡在浴盆里洗澡的时候，看见盆中的水面随着自己身体浸下去而升高，突然从中悟出了问题的答案：如果将皇冠浸入水中的话，盆中的水增加的体积应该等于浸在其中的皇冠的体积。这时，激动无比的阿基米德从浴盆里跳了出来，光着身体就跑了出去，还边跑边喊“尤里卡！尤里卡！”，“尤里卡”是希腊语，意思是“我发现了”。阿基米德当时所发现的便是我们现在熟知的“阿基米德浮力定律”。

在天文学方面，阿基米德曾经制作了一座运行精确的天象仪，球面上有太阳、月亮及五大行星，可以展示太阳系的运行，还能预测近期内将发生的月食和日食。阿基米德甚至开始怀疑地心说，他的脑海中已经产生了距离他一千六百多年之后哥白尼提出的日心说的朦胧猜想。

数学物理的趣事很多，本书主要涉及微积分之后与物理相关的数学。

阿基米德之后的另一个伟大的数学物理全才是牛顿。牛顿为了建立他的物理理论而发明了微积分，并用微积分的语言写下了牛顿三大定律和万有引力定律。微积分无疑是数学观念上的一场革命，它将无穷小量、极限、变量、函数等概念带进了科学世界。让各个科学技术领域如虎添翼，得以蓬勃发展，造福人类。

微积分的精髓实际上是基于阿基米德时代就已经萌芽的极限概念，中国古代学者也很早就有了物体可以无限可分直到无穷小的思想。但从这个“无穷小量”的原始雏形，发展到微积分这个严密的数学理论体系，以及后来又在微积分的基础上建立了数学物理方程、黎曼几何等数学分支，却不是一件容易的事。这些数学理论，不仅帮助牛顿和麦克斯韦等人建立了宏伟辉煌的经典力学和经典电磁理论，还推动了理论物理中量子力学、相对论、混沌理论等数次革命。回顾其间的漫长历史过程，既耐人寻味，又发人深思。

牛顿的经典物理观念伴随着其精确的现代数学表述统治了科学世界几百年，直到现在也仍然威力不减。现代社会各门科学技术的高速发展少不了经典力学的杰出贡献。

牛顿，这位上帝派来的光明使者，将世界从黑暗中解救出来。诗人蒲柏（1688 ~ 1744 年）为牛顿写下了著名的墓志铭：

“Nature and nature's laws lay hid in night, God said: ‘Let Newton be!’ and all was light.” [1]

与微积分一样，数学中很多思想的源泉都来自于对物理的研究。因为数学和物理都是起源于人们对于世界的观察和认识，物理规律往往需要依靠数学的方法来进行定量描述。微积分的发现是科学界的重大历史事件，从此之后科学家有了一套得心应手的理论工具，微积分学方法的精确描述使得生物、化学、力学、电子、工程等学科和技术得以长足发展，而数学作为“科学的皇后”，其价值观也逐渐独立。因此，自从牛顿之后，数学和物理也开始奔向不同的目标，逐渐走向了各自不同的发展道路。

不过，数学与理论物理的关系始终密切，理论物理的目的是解释自然现象、总结普遍的规律。理论物理学家爱美，热衷于揭露大自然的“数学之美”，而自然现象中本来就隐藏着奇妙的数学结构。因此，继牛顿之后，又有了欧拉、拉格朗日、傅立叶、麦克斯韦、庞加莱、高斯、希尔伯特……这一个个的著名人物，既是数学大师，也对理论物理做出了杰出的贡献。

牛顿像一个上帝派来的魔法师，他右手点亮经典力学之火，左手握着微积分，数学和物理的殿堂从此有了光明。笔者在介绍微积分发展的历史之后，紧接着重点介绍了另一个数学物理的交叉领域：变分法和最小作用量原理。在牛顿发表他的《自然哲学的数学原理》之后一百年，拉格朗日出版了他的《分析力学》，拉格朗日将变分法和最小作用量原理应用于牛顿力学，完全用分析的方法进行推导，

1　“自然的法则隐藏在黑暗中，上帝说：让牛顿去吧！于是，一切豁然开朗。”

建立起一套完整和谐的力学体系，显示了分析学的巨大威力，也展示了数学和物理的成功结合。

变分法和最小作用量原理中涉及的“求极大极小、最优化”等一类问题，与我们的日常生活紧密相关，牵涉到不少历史上著名的数学难题。因而，笔者在本书中并不是叙述枯燥而高深的数学公式，而是通过有趣的故事、生动的图解、通俗的语言、出神入化的描述，为你介绍故事中隐藏着的深刻的数学物理原理。

对称性和物理的关系是笔者在本书第2章中叙述的另一个重点，对物理现象对称性的研究，充分体现了数学和物理的互推互进、相辅相长。对称性很早就是物理学研究的指导性原则，从有限对称到连续对称，美丽的大自然处处有对称。对称本来是数学概念，守恒是物理定律，著名的女数学家诺特所证明的诺特定理却揭示了两者间存在紧密而奇妙的联系。有一段时间，物理学家痴迷于对称之美，认为对称性可能是许多物理现象的本质所在，以至于量子力学的创始人之一海森堡发表过一个奇怪的观点，认为物理学家不用去详细研究夸克等基本粒子，只需要代入相应的对称性到理论中就行了。

对称中又暗藏着不对称。五彩缤纷的大自然是如此，物理学也是如此。物理规律的对称性表现在真实世界中的具体现象时，却貌似不是对称的，因为它们是“自发对称破缺”的结果。笔者借此理论简略介绍了与2013年诺贝尔物理学奖的相关发现“上帝粒子”——希格斯粒子之事。

在微积分基础上发展出来的、最有效的科学技术工具莫过于微分方程。微分方程已经成为科技工程领域中最基本的数学模型。如今，不仅仅在物理学中，科研的各个领域都少不了它。它的结果和方法甚至被应用到人文学科中，特别是当计算技术发展到能够求出微分方程的数值解之后，它更是在各项研究中大展身手。因此，笔者在第3章中提及了几个重要的微分方程以及它们的应用，包括弦振动方程、薛定谔方程、麦克斯韦方程等。

微分方程不仅作为科学技术的工具而存在，对非线性微分方程的深入研究打开了整个非线性科学的大门，其中的混沌和分形以其奇特美妙的图形尤为引人注目。笔者也对这两个领域给予了简略的介绍。

在最后一章中，笔者首先重点介绍了3维空间中曲线和曲面微分几何的基本概念。通过直观易懂的图像、趣味生动的实例，让读者了解微分几何中的一些基础性专业术语，诸如曲率、挠率、活动标架、可展面、不可展面、最小面、高斯曲率等。然后，简要地介绍了黎曼几何、张量分析以及它们对爱因斯坦创建广义相对论的重要性。

爱因斯坦当年在瑞士联邦工学院做学生时，数学系和物理系还不分家，算是同一系。当时的爱因斯坦重物理而轻数学，他认为数学搞的是小问题，物理则是研究大问题，不过后来他研究的“大问题”被“小问题”困住了。可以说，没有数学家们的帮助，爱因斯坦研究的相对论大问题不可能成功。

狭义相对论的数学是简单的，但仍然需要洛伦兹变换和闵可夫斯基空间来赋予它简洁优美的表达形式。爱因斯坦最得意的是他的广义相对论，他曾经说过，如果他没有发现狭义相对论，5年之内会被人发现，但是如果他没有发现广义相对论，50年之内也不会有人发现。还传说爱因斯坦在几个星期之内建立了狭义相对论，并且从 1908 年开始，就产生了将它推广到引力场中建立广义相对论的想法。但是，爱因斯坦却花了整整 7 年的时间思考这个问题最后仍然未得其果。是什么原因呢？爱因斯坦正是被他所忽视的数学问题难住了。后来碰巧他的一位数学界朋友格罗斯曼告诉他，他的引力理论想寻找的那种数学在半个世纪之前就已经被黎曼做出来了，这才解决了爱因斯坦的困惑，使他顺利地完成了广义相对论。这段经历令爱因斯坦由衷地感叹："理论物理学家越来越不得不服从于纯数学形式的支配。"

其实，当年的黎曼在提出他的几何思想时，也考虑了这个理论在物理学中的应用问题。黎曼想象了一个有限无界的球形空间，并且猜测它或许是宇宙形状的正确描述。我们永远无法知道，如果黎曼不是 39 岁便英年早逝的话，他的思想是否会朝着与 50 年后爱因斯坦类似的方向发展？

再后来，到了 20 世纪，固体物理中群论的应用、量子力学及量子场论的建立、规范理论及弦论的研究，更使得数学物理这一领域高潮迭起、异常活跃，物理与数学的关系变得十分微妙，理论物理已经离不开数学，特别是当人们困惑于量子现象的奇特玄乎以及相对论对时空观念和因果律深层次探索而导致的一些诸如"双生子佯谬"之类的迷惑时，人们开始对物理产生了一些错觉，似乎物理已经不是原来的依赖于实验和观察结果的科学，而变成了从数学逻辑推导出来的一大堆"奇思妙想"。

事实并非如此，再高深的物理理论仍然需要实验和观测的验证。此外，数学的发展也不能仅仅依靠逻辑推理。尽管逻辑推理可以建立起整套准确无误的数学体系，但正确不等于有用，不等于能很快地发展壮大。如果没有在其他科技领域的实用价值，逻辑推理也可能难以持久。并且，数学在现代理论物理中扮演的角色已经不仅仅如过去那样，只是作为研究和计算的工具了。数学已经在很多方面、在非常深刻的背景下与物理融合在一起。因为如今人类对物理事件的探索已经踏进了与我们的常识完全不符合的微观世界和宏观世界，这两个世界中的时空观已经超越了我们原来认知中的简单经典图像。其深层的哲学含义，恐怕必须要物理和数学的密切结合才有希望得以破解。

总之，理论物理和数学本来就是同宗同源的兄弟，他们时分时合、源远流长、交叉渗透、互相影响。从伽利略和牛顿开始，到近代的许多理论物理学家，都既懂物理，又通数学。更有趣的是，物理学界称他们为物理学家，数学界则称他们为数学家。因此，自古以来数理同源，数学为物理学家提供解决问题、实现理论的漂亮手段，物理则在一定程度上成为数学家灵感和直觉的重要源泉。

物理数学、数学物理，“数蕴哲学待追忆、物含妙理总堪寻”。本书带领你追溯数学物理的源头，从趣味中体会数学之美，同时带你进入数学物理及与其发展紧密相关的理论物理的大门。

目 录

第1章

无穷小的魔术

“数学是关于无穷的科学。”——大数学家希尔伯特名言

1. 从微积分说起

有朋友对我说，简单的初等数学永远能记住，因为它对日常生活很有用处，比如算账什么的就需要。至于微积分嘛，早都还给老师去了，因为它与实际生活没有关系啊！微积分与我们日常生活真的无关吗？其实不然，看了下面这几个例子，也许你的看法就不一样了。

你去爬山时一定注意过山坡的形状，有的简单、有的复杂，或高或低、或平或陡。但无论何种形状，山坡的高度总是随着离山脚下出发点的距离而变化的。有的部分很陡，也就是说高度变化得很快；而另一些部分比较平坦，即高度变化得慢，或者几乎不变。如何来描述高度的这种变化呢？快还是慢，陡还是平？我们可以用一个叫“坡度”的数值来表示。坡度定义为高度的增加与你走过的水平距离的比值。比如，如果像图 1.1（a）所示的简单形状，用初等数学中的简单几何知识就能描述，不就是几条直线构成的几个三角形和矩形吗？在这种情形下，坡度的计算也很简单，如图中所示，用高度除以距离即可得到。图 1.1（a）中的山坡分成简单的 3 段：

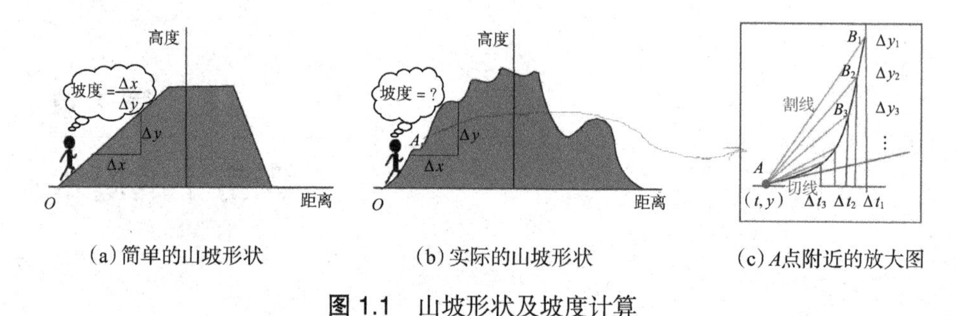

(a) 简单的山坡形状　　(b) 实际的山坡形状　　(c) A点附近的放大图

图 1.1　山坡形状及坡度计算

上坡、平地、下坡，在每一段中，坡度都将分别是一个常数。

数学中有一个更专业的词汇来描述上面例子中的山坡形状，那就是“函数”。函数是用来描述变量之间的关系的，比如说，在上面的例子中，山坡的高度 y 随着离出发点 O 的水平距离 x 而变化，也就是说，y 是 x 的函数。这里，y 是函数，x 叫作自变量。函数和自变量的关系可以用像图 1.1（a）中所画的类似曲线来描述，而刚才爬山例子中所说的“坡度”，也有一个数学术语：曲线的斜率。斜率表征了函数在某点的变化快慢，它的计算便需要用到微积分。

当然，如果山坡的形状很简单，并不需要用微积分来计算坡度，比如像图 1.1（a）的情况，山坡的每一段都是直线，计算坡度时只需要用这一段山坡高度的变化 Δy 除以水平距离的变化 Δx 就行了。从图 1.1（a）的图形来估计，第一段山路的坡度大约等于 1；第二段山路中高度没有变化，坡度为 0；第三段是很陡的下坡路，坡度是负数，绝对值大于 1。

但是，如果山坡的形状比较复杂如图 1.1（b）所示，坡度就不方便用初等数学来计算了。这时候，就需要用到微积分这个锐利的工具。

因此，可以粗略地说，微积分是用来研究函数是如何变化的。

首先，它可以被用来计算函数变化的斜率，从而考察函数变化的快慢。当函数很复杂，是个任意形状的曲线时，斜率的计算也变得很复杂，这时候，微积分便被派来解决这种问题。

在日常生活中，复杂的函数形状比比皆是。由于我们的世界处于不断的变化和运动之中，一切皆变数，到处都是“变量”，几乎在每一个领域，都能见到使用各种曲线来描述经济的发展、公司的业绩、员工的增长、交通的繁忙……如何深入研究这些变化呢？答案就是微积分。

比如，图 1.2 所示的股票市场、温度变化、心电图等，这些曲线都可用微积分来分析。

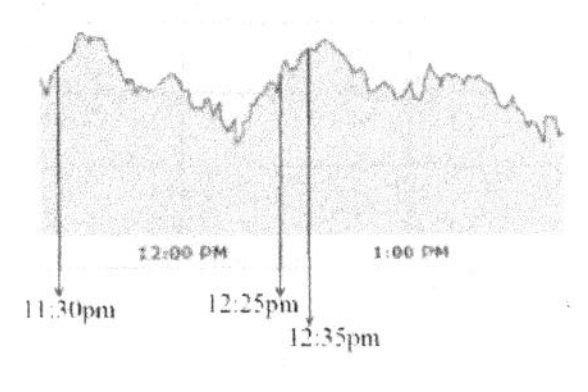

(a) 股票市场一个月的涨落

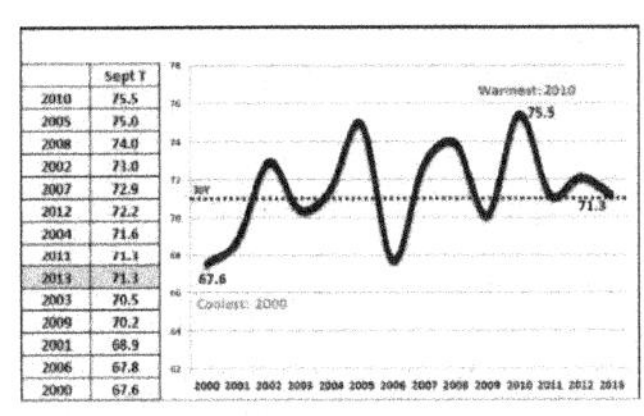

(b) 纽约市逐年（某一天）的温度变化

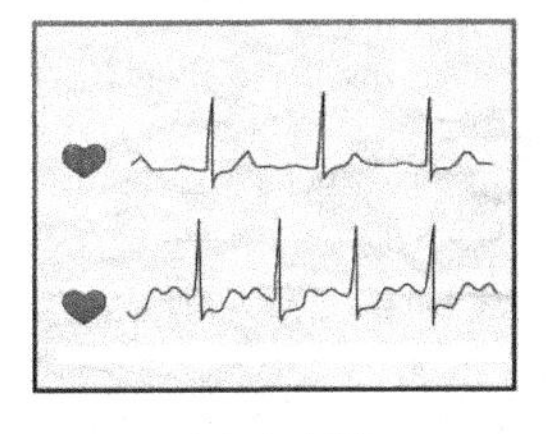

(c) 心电图

图 1.2　日常生活中的函数

让我们再回到山坡的例子，解释如何计算坡度。初等数学只能处理简单的函数，计算如同图 1.1（a）所示的山坡形状的坡度。如果碰到变化多端的任意形状的函数，该如何计算斜率呢？比如，如何计算图 1.1（b）所示的那种复杂山坡的坡度呢？

当然，我们仍然可以沿用图 1.1（a）所示的方法，用高度 Δy 除以距离 Δx 来计算，但这时得到的数值只能算是某一段距离 Δx 中的平均坡度。如果我们改变计算所用的 Δx 的大小，平均坡度也将随之变化。例如，当我们要计算图 1.1(c)中某一个点 A 附近的坡度，可以采取如下步骤：从 A 点的 x 开始，首先增加到 $x+\Delta x_1$，如果 y 的改变为 Δy_1，便能算出第一个平均坡度 $P_1=\Delta y_1/\Delta x_1$。然后，逐次减小 Δx_1 使之成为 Δx_2，Δx_3，…，Δx_n，相应地得到 y 的增量：Δy_2，Δy_3，…，Δy_n，最后，分别计算相应的坡度 P_2，P_3，…，P_n。

P_1，P_2，P_3，…，P_n 是对应于 x 的一系列增量 Δx_1，Δx_2，Δx_3，…，Δx_n 的平均坡度。如果要更为准确地反映某一“点 A”的坡度，就必须将计算的范围，即 Δx 取得更小，更靠近这个“点 A”。我们如此想象下去，Δx 越来越小，那么 Δy 也会越来越小……最后得到的比值 $P=\Delta y/\Delta x$ 便可以表示“点 A”的坡度了。

上述段落中所描述的便是使用微积分来计算斜率的思想。微积分是“微分”和“积分”的统称。所谓微分的意思就是说，将自变量的变化 Δx 变得微小又微小，直到“无限小”，而观察函数 y 是如何变化的。一般来说，y 的变化 Δy 也会是一个“无限小”的量。但人们关心的是这两个“无限小”量的比值，即上面例子中所描述的山坡在点 A 的坡度 P，或在一般情形下称之为曲线在该点的斜率 P。我们将这个值 P 叫作函数 y 对 x 在给定点的微分，也叫作 y 对 x 的导数。

“无穷小”或“无限小”，是一个有趣又有用的概念。如我们本章开头所引用的大数学家希尔伯特的名言所说的那样，数学就是研究“无穷”的科学。希尔伯特还说过：“无穷！再也没有其他问题如此深刻地打动过人类的心灵。”的确如此，“无穷大”和“无穷小”这两个神秘而又令人困惑的词与现代数学，进而与现代科学技术紧紧地联系在一起。它们深刻地影响了人类的精神，激励着人类的智力。“无穷小”在人类的科学技术舞台上变换表演出各种精湛绝美的魔术，也就是我们将要在本章看到的“无穷小”的魔术。

生活中经常碰到的需要求函数的导数的例子是计算运动物体的速度。比如我们开车出外旅游，汽车行驶的距离 s 便是时间 t 的函数，汽车的速度 v 就是距离随着时间的增长率。速度 v 是不停变化的，所谓需要计算汽车在某个时刻的“瞬时速度”，也就是计算函数 s 对时间 t 在一个点上的导数。

从以上的介绍我们明白了，微分的方法可用来求变量的导数，计算函数的增长率、坡度、速度等。积分又有何用途呢？积分实际上是微分的逆运算，也就是说，从山坡的坡度反过来计算山坡的高度。或者说，知道汽车在所有点的瞬时速度，反过来计算汽车行驶的距离时，就需要用到积分（图 1.3）。对简单函数，比如图 1.3（a）所示的匀速运动，已知速度求距离很简单，只需要将速度乘时间即可，对应于图 1.3（a）中阴影矩形的面积。然而，如果速度随时间不停变化，如图 1.3（b）所示的变速运动，这时候需要计算面积的图形形状就不是简单的矩形了。那么，应该如何来计算一个任意形状的图形面积呢？积分的思想就是把这个图形分成 n 个狭窄的、宽度为 Δx 的长条，然后把所有长条的面积加起来，得到 S_n。当这些长条的宽度 Δx 趋近于“无限小”时，S_n 趋近的数值就等于曲线下形成的图形的面积，也就是速度函数的积分值，即距离。

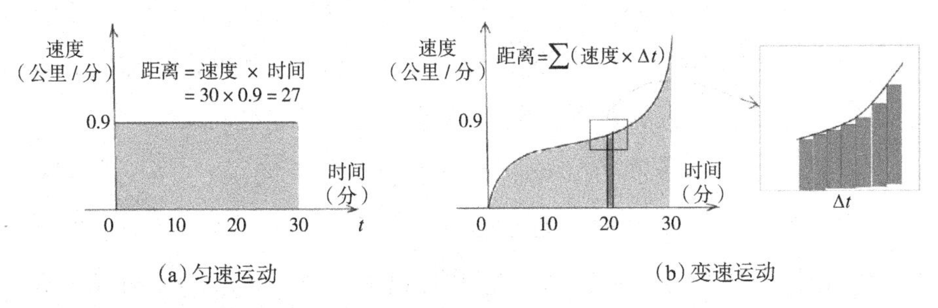

（a）匀速运动　　（b）变速运动

图 1.3　匀速运动和变速运动时的求积分运算

这种将变量的变化趋于“无限小”的想法，也就是所谓的“极限”概念，是微积分的基本思想。现在我们说起“极限”来，好像并不难理解。但是，从产生这种最初的极限思想开始，又将其发展概括，最后整理归纳为数学语言，人类每一步走过来，都历经了漫长的历史过程。下一节，笔者便带你简单地回顾极限概念的发展历史。

2. 阿基里斯能追上乌龟吗？

极限这个字眼激发我们无限的想象，首先让我们联想到的是人们常常说的一句话：“挑战极限。”不过，在数学上，极限有它独特的含义，表示的是一种数学量无限趋近某个固定数值。

极限思想的萌芽阶段可以上溯到两千多年前。希腊哲学家芝诺（Zeno of Elea，公元前 490~ 前 430 年）曾经提出一个著名的阿基里斯悖论，这就是古希腊极限萌芽意识的典型体现。

阿基里斯是古希腊神话中善跑的英雄人物，参与了特洛伊战争，被称为“希腊第一勇士”。假设他跑步的速度为乌龟的 10 倍，比如说，阿基里斯每秒钟跑 10m，乌龟每秒钟跑 1m。出发时，乌龟在他前面 100m 处。按照我们每个人都具备的常识，阿基里斯很快就能追上并超过乌龟。我们可以简单地计算一下 20s 之后阿基里斯和乌龟在哪里？ 20s 之后，阿基里斯跑到了离他出发点 200m 的地方，而乌龟呢，只在离它自己出发点的 20m 之处，也就是距阿基里斯出发点的 120m 之处，阿基里斯显然早就超过了它（图 1.4）。

但是，从古至今的哲学家们都喜欢狡辩，芝诺说：“不对，阿基里斯永远都赶不上乌龟！”为什么呢？芝诺说，你看，开始的时候，乌龟超过阿基里斯 100m，当阿基里斯跑了 100m 到了乌龟开始的位置时，乌龟已经向前爬了 10m，这时候，乌龟超前阿基里斯 10m；

图 1.4　芝诺悖论和庄子的早期极限概念

然后，我们就可以一直这样说下去：当阿基里斯又跑了 10m 后乌龟超前 1 米；下一时刻，乌龟超前 0.1m；再下一刻，乌龟超前 0.01m，0.001m，0.0001m……不管这个数值变得多么小，乌龟永远在阿基里斯前面。所以，阿基里斯不可能追上乌龟。

正如柏拉图所言，芝诺编出这样的悖论，或许是兴之所至而开的小玩笑。芝诺当然知道阿基里斯能够赶上乌龟，但他的狡辩听起来也似乎颇有道理，怎样才能反驳芝诺的悖论呢？

再仔细分析一下这个问题。将阿基里斯开始的位置设为 0 点，那时乌龟在阿基里斯前面 100m，位置 = 100m。我们可以计算一下在比赛开始 (100/9)s 之后，阿基里斯及乌龟的位置。阿基里斯跑了 (1000/9)m，乌龟跑了 (100/9)m，加上原来的 100m，乌龟所在的位置 = (100/9 + 100)m = (1000/9)m，与阿基里斯在同一个位置，说明在 (100/9)s 的时候阿基里斯追上了乌龟。但是，按照悖论的逻辑，将这 11s + (1/9)s 的时间间隔无限细分，给我们一种好像这段时间永远也过不完的印象。就好比说，你有 1t 的时间，过了一半，还有 (1/2)t；又过了一半，还有 (1/4)t；又过了一半，你还有 (1/8)t，(1/16)t，(1/32)t ……一直下去，好像这后面的半小时永远也过不完了，这当然与实际情况不符。事实上，无论你将这后面的半小时分成多少份，如何无限地分下去，时间总是均匀地流逝，与前半小时的流逝过程没有什么区别。因此，阿基里斯一定追得上乌龟，芝诺悖论不成立。

不过，从纯数学的角度来看，芝诺悖论本身的逻辑并没有错，因为任何两点之间都有无数个点，都可以分成无限多个小段。阿基里斯追乌龟是一个极限问题，即使从现代数学的观点，对于潜无限而言，极限是个无限的、不可完成的动态进行过程。因而，仍然有人认为，仅从逻辑的角度来看，这个悖论始终没有完全解决，阿基里斯永远追不上乌龟。

继芝诺之后，阿基米德对此悖论进行了颇为详细的研究。他把每次追赶的路程相加起来计算阿基里斯和乌龟到底跑了多远，并将这个问题归结为无穷级数求和的问题，证明了尽管路程可以无限分割，但整个追赶过程是在一个有限的长度中。当然，对我们而言，这个无穷等比级数求和已经不是个问题，我们在高中数学中已经学习过了，但对两千多年前的阿基米德来说，这个问题还是极富挑战性的。

无独有偶，我国春秋战国时期的庄子（公元前369年～前286年）也在其哲学名著《庄子》中记载了据说是惠施的一句名言“一尺之棰，日取其半，万事不竭。”这句话充分体现了中国古代哲人的类似极限思想。

惠施（公元前370年～前310年）是战国时期的一位政治家、辩客和哲学家。庄周和惠施既是朋友又是对手，他们两人都博学多才、犀利无比，经常调侃争辩、相互挖苦，其间的桩桩趣事，被传为千古佳话。

其中最有趣的是两人有关“鱼之乐”的对话，令人体会到两位哲人妙趣横生的思辨能力。

据说庄子与惠子散步漫游于桥上。

庄子曰 ：“水中鱼儿从容自在，真是快乐啊！”

惠子立即反驳 ：“子非鱼，安知鱼之乐？”

庄子也不甘示弱 ：“子非我，安知我不知鱼之乐？”

惠子又说 ：“我不是你，自然不了解你，但你也不是鱼，一定也是不能了解鱼的快乐的！”

庄子强词夺理 ：“你最开头问我的是 ：怎么知道鱼是快乐的？所以你已经知道我知道鱼的快乐了！那么现在我来回答你 ：我是在岸边知道鱼是快乐的。”

庄周和惠施，立场观点不同，气质性格迥异，庄周富于艺术想象，惠施更重视逻辑辩解。两人便经常互相抬杠，进行这种无休止的辩论。

遗憾的是，惠施没有专门的著作留下来。不过，他的哲学观点、逻辑思考、妙语名言，在庄周所著《庄子》中多有记载和描述。在《庄子——天下篇》中，记载了惠施的 20 个著名命题，最后一个命题便是 ：“一尺之棰，日取其半，万世不竭”（图 1.4）。意思是说，一尺长的竿，每天截取一半，一万年也分截不完。庄子记录此话的用意是借此命题调侃惠子并抒发己意，说是如果有喜好争辩的人，用上述命题与提出命题的惠施辩论，那么他们的辩论会延续一辈子没完没了。

惠施的这段名言使我们看到了中国古代哲学家已经具有了“事物无限可分，但又不可穷尽”的极限思想的萌芽 ：每天被截取一半的竿子会越来越短，长度越来越趋近于零，但又永远不会等于零，这正是不可穷尽的极限思想。

古代的哲学家们有了极限的思想，古代的数学家们则将此思想发挥，用于计算各种几何形状。

阿基米德利用“逼近法”算出球面积、球体积、抛物线和椭圆的面积等，他也使用无穷小量的数学分析方式，即所谓的“穷举法”，可以让问题的答案达到任意精确度。此外，阿基米德还利用计算圆的外切多边形和内接多边形的面积的方法来计算圆周率的近似值。当多边形边数为 96 时，他计算出的圆周率在 3.140845 和 3.142857 之间。阿基米德所使用的“逼近法”和“穷举法”其实就是“微积分”的前身（图 1.5）。

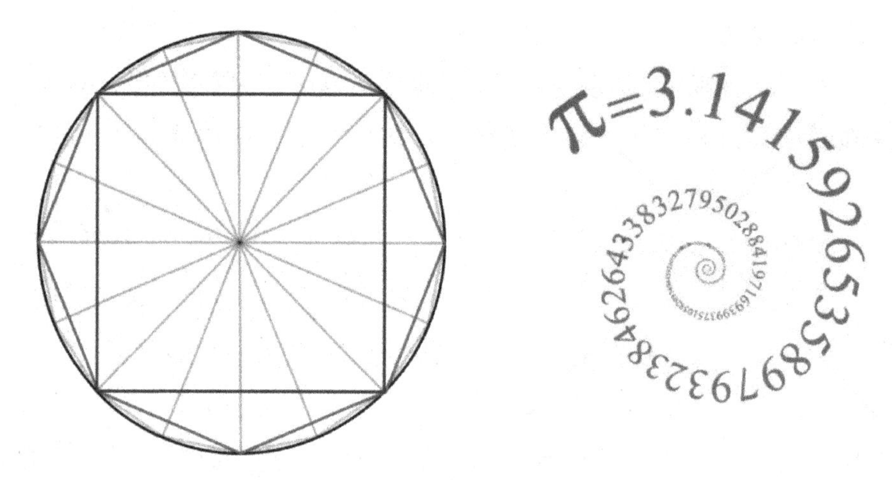

图 1.5 用多边形逼近圆周来计算圆周率 π

中国古代的刘徽和祖冲之则采用“割圆术”来计算圆周率。所谓“割圆术”,就是在半径为 r 的圆中作圆的内接正多边形。如图 1.5 中所示，从 4 边形开始，再画 8 边形、16 边形、32 边形……n 边形，这些多边形的面积分别为 A_4, A_8, A_{16}, A_{32},…, A_n 如果把这个过程无限次地继续下去，当多边形的边数增加时，面积 A_n 就精确地逼近了圆的面积。刘徽采用了圆的半径为 1，圆的面积在数值上即等于圆周率的特点，并由此创立了一种求圆周率的科学方法。刘徽说："割之弥细，所失弥少。割之又割，以至于不可割，则与圆和体，而无所失矣"。意思是说，割得越细，圆内接正多边形的边数越多，它的面积与圆面积之差就越小。

3. 谁发明了微积分？[1，2]

妇孺皆知的大科学家中，除了爱因斯坦之外，牛顿当然得算一个，只不过年代稍微久远了一点。小学生应该都听过老师讲牛顿因苹果砸到头上而发现万有引力的故事，到了初、高中阶段的物理课，便会学习到牛顿三大定律。大多数时候，牛顿以一个伟大物理学家的形象存在于人们心目中。其实，除了对物理学的贡献之外，牛顿还有不那么广为人知的、发明了微积分的巨大功劳，但作为伟大的数学家，这个贡献就往往被非数学或非理科专业的人们所忽略了。

不过，牛顿对物理和数学两个方面的贡献是互相联系起来的，可以说，牛顿最终是为了总结物体的力学运动规律而创造发明了微积分。没有适当的数学工具，物理定律不能称之为定律，只能算是经验之谈。

牛顿曾经有过一句经典名言："如果说我比别人看得更远一点，那是因为我站在了巨人的肩膀上。"这句话也适用于他本人对微积分的贡献。话说回来，即使牛顿不发明微积分，自有其他大师来完成这个工作，比如和牛顿同时共享微积分发明权的莱布尼兹就是一位。

牛顿和莱布尼兹的时代距离现在不过四百年，而远在两千多年之前，古希腊的阿基米德所用的一些计算方法已经靠近了积分思想的边缘。阿基米德发展了"穷竭法"，即类似于逐步近似求极限的方法，用以计算抛物线、弓形的面积以及椭球体、抛物面体等复杂几何体的表面积和体积。中国古代也有类似的记载，比如前面说过的《庄子》的“一尺之棰，日取其半，万世不竭”，三国时期刘徽研究的割圆术等都忽闪着“无穷”“极限”等现代数学思想的火花。也可以这么说，微积分的理论是牛顿和莱布尼兹等建立的，但计算方法，特别是类似积分的方法，却早已有之。

为什么两千多年前的科学家就已经会计算复杂形状的面积和体积，却直到几百年前的牛顿时代才真正创建了微积分？这其中的本质原因可以说是与物理及天文学的发展密切相关。微积分创立之前的数学工具，其研究对象和解决的问题都是属于静态的。即便是积分的方法，如果不是将它看成微分的逆运算的话，也是一种静态的思想。精确而瞬时的动态计算必然要涉及微分的概念。所以，将微分和积分的理论统一起来的微积分学，本质上是一种运动的数学，或称为变量的数学。到了16~17世纪，以变量为基础的运动学和动力学的发展向数学提出了挑战，最终才促进了微积分理论的建立，而微积分反过来又加速了牛顿力学的发展，这是数学物理同源的第一次历史渊源。

在17世纪初期，伽利略（1564~1642年）和开普勒（1571~1630年）在天体运动中得到的一系列观察结果和实验事实导致科学家们对新一代数学工具的强烈需求，也激发了新型数学思想的诞生。从大量的数据中，如何才能抽象出大自然的秘密——物体的运动规律来呢？

这些数据中的大多数有一个共同特点，就是表明了某物体在空间的位置随着观测的时间而变化。

比如，在伽利略的时代，已经有了速度的概念，那时的科学家们已经知道速度是物体运动快慢的标志。某物体经过一定的时间，在空间走了一定的距离，这段距离被这段时间相除，就得到了速度。如果物体运动的快慢始终一样，就叫匀速运动，否则就是非匀速运动。伽利略从实验结果中发现，在地球引力持久作用下的物体运动，快慢并非始终一致，开始时下落得比较慢，后来则下落得越来越快，也就是说，每经过一段时间的下落，速度就有所增加。伽利略又发现，无论是在下落的开始还是最后，速度这种增加的效果（或是速度增加的速度）是一样的，这也就是我们现在所熟知的说法：地面上自由落体的运动是一种等加速度运动。

速度、加速度、匀速、匀加速、平均速度、瞬时速度……现在的学生很容易理解这些概念，这得感谢我们有了好用的数学工具：极限的概念和微积分的方法。但在当时，这些名词却曾经困惑过像伽利略这样的大师们。从定义平均速度到定义瞬时速度，是概念上的一个飞跃。平均速度很容易计算：用时间去除距离就可以了。但是，如果速度和加速度每时每刻都在变化的话，又怎么办呢？那时候，平均速度应该被定义在更短的时间间隔中。当时间间隔变小，运动的距离也变小，距离除以时间，仍然能得到一个速度。但问题是，当时间间隔变到 0，就没法作除法了啊！不过又一想，时间为 0 时，距离也为 0！这样，人类第一次碰到了 0 除 0 的难题。

可以相信，开普勒在总结他的行星运动三定律时，也曾经有类似的困惑。开普勒得出了行星运动的轨迹是个椭圆，他也认识到行星沿着这个椭圆轨迹运动时，速度和加速度的方向和大小都在不停地变化。但是，他尚未有极限的概念，也没有曲线的切线及法线的相关知识，不知如何描述这种变化，于是，便只好用“行星与太阳的连线扫过的面积”这种静态积分量来表达他的第二定律。

在 1643 年牛顿出生时，伽利略和开普勒均已去世，两位大师将他们的成果和困惑都留在了世界上，等待后人的传承。除了这两位学者之外，法国数学家笛卡儿（1596~1650年）对牛顿的数学思想影响很大。笛卡儿在几何中引入坐标系，将几何和代数、形与数统一起来。此外，笛卡儿在曲线的研究中已经引入了变量的思想，将几何学中求切线、曲率之类的问题与变量概念相联系，才使得后来有了“微积分”这个划时代的革命。

科学史上的诸多发现，都既有它们的历史必然（这就是“巨人的肩膀”），又颇具偶然趣味的一面（比如“苹果砸头上”），微积分的创立也是如此。

1665年5月，可怕的瘟疫蔓延伦敦，剑桥大学被迫关门。刚获得学士学位，准备以教授助手的身份继续攻读深造的牛顿回到乡下的老家住了18个月。这短短的一年多被后人称为牛顿的“奇迹年”，从他这段时期写下的《杂录》可以看出，这一年里牛顿在科学上成果累累：创立了流数术（微积分）并建立了万有引力定律和光学分析的基本思想。由此可见，做科研的人需要一段时期的修整和度假，静下心来思考。试想如果没有这一年多的瘟疫，牛顿成天忙碌于工作和学习之中的话，是否还能有如此大的创造性成就呢？起码，微积分创立的时间恐怕会推迟一点。

从剑桥回家乡之前，牛顿正在思考二项式展开的问题，并由此对“无穷”的概念有所突破。在这一点上，22岁的牛顿初出茅庐就在数学思想上超越了前辈笛卡儿。笛卡儿的一些想法如今听起来颇为有趣：他认为人的大脑不是无穷的，所以不应该去思考与无穷有关的问题。但牛顿没有被这位名人的说法吓倒，他有限的脑海中怎么也放不下这个无穷级数的问题。比如，他有次在他的《杂录》笔记本上画了一条双曲线，写下了如下的公式来计算曲线下的面积。

$$ax - \frac{x^2}{2} + \frac{x^3}{3a} - \frac{x^4}{4a} + \cdots$$

得到上述公式要用到二项式的分数幂展开。牛顿当时已经把它看成是一个无穷多项之和，但他认为，一个无穷序列并不等于要做无穷多的计算，可见 22 岁的牛顿已经有了“极限”和“收敛”的概念。并且事实上，牛顿对此序列进行了大量的计算，一直算到了小数点后 55 位，写下 2000 多个数字，整整齐齐地排列在他的笔记本上。从这个例子也可以看出，牛顿的新数学思想并非凭空产生，而是建立在大量艰苦运算的基础之上。

无穷多项求和的概念又引导牛顿进一步思考无限细分下去而得到的无穷小量问题。他将这种无穷小量称之为“极微量”，即现代所熟知的微分。再进一步，牛顿又将几何学中求切线、曲率之类的问题与物理中运动学的问题合二为一。在他的笔记中，牛顿将求解此类无穷小问题的种种方法称为流数法，包括正流数术（微分）和反流数术（积分）。1665 年 5 月 20 日，牛顿第一次在他的手稿上描述了他的“流数术”，实质上就是现代微积分的思想。因此，后人便把这一天作为微积分的诞生日。

在“流数术”中[3]，牛顿将运动学中如位置一类的变量称为“流量”（用 x, y, z 表示），而将流量的变化率，即速度，称为“流数”。流数在 x, y, z 上面加一点来表示（本文中用 x', y', z' 表示），这类符号一直沿用至今。

牛顿认为他的流数术的目的就是要解决如下的问题：

1. 知道流量之间的关系，如何求流数之间的关系（微分）；
2. 问题 1 的逆问题（相当于积分）。

为此目的，牛顿定义了一个时间的无限小时间瞬“o”，作为流数术的基础。这个无限小的时间瞬将引起流量的瞬，由此便能计算流数，即两个“瞬”的比值。比如说，如果有两个流量 x 和 y，它们都随时间变化，并且它们之间有如下关系

$$x^3+xy+y^3=0$$

现在，无限小的时间瞬“o”便将引起两个流量的无限小的瞬，分别记为 x'o，y'o。然后，在上述公式中分别用 $x+x'$o，$y+y'$o 代替 x 和 y，再减去原式便得到

$$3x2x'o+3x(x'o)2+(x'o)3+xy'o+x'oy+x'y'o2+3y2y'o$$
$$+3y(y'o)2+(y'o)3=0$$

两边同时除以时间瞬“o”，然后再消去其中含有“o”的项，整理之后便能得到两个流数 x' 和 y' 之间的关系（两个变量的变化速率之比）

$$x':y'=-(3y2+x):(3x2+y)$$

牛顿用上述方法，从位置变量的关系导出速度变量间的关系，与我们现在用微积分得到的结果一致。牛顿后来在他的《自然哲学的数学原理》一书中如此描述瞬时速度[4]：瞬时速度是指，当该物体移动到那一个非常时刻，既不是之前，也不是之后，流量间的最终比例。

当时的牛顿只不过是一个二十出头的小伙子，一定还没有意识到自己的这个发现对科学的重大意义，即使到了后来的1669~1676年，牛顿就“流数术”写下三篇重要的论文时，也并没有将文章及时地在期刊上公开发表，只是让它们在朋友和一些英国科学家中传阅。

德国数学家莱布尼茨（1646~1716 年）在对几何的研究中，独立于牛顿也走向了创建微积分的道路。他分别于 1684 年和 1686 年发表了微分和积分的论文。如果追溯笔记本上的记录的话，莱布尼茨是在 1675 年底建立了微积分学，比牛顿最早的笔记记录晚了 10 年左右，但莱布尼茨却早于牛顿 3 年在期刊上发表了他的研究结果。也许牛顿后来才大彻大悟，意识到了这个“微积分”发明权的重要性，于是在 1711 年左右与莱布尼茨掀起了一场激烈的发明权之争。这时候牛顿已经是英国皇家学会的会长，在科学界大名鼎鼎，却仍然难以克服人性的弱点。虽然牛顿在公开场合假装与此事件无关，但是仍然掩盖不了他暗地里争名夺利的小肚鸡肠，他不符合程序地亲自起草了该事件的调查报告，还匿名写文章攻击莱布尼茨窃取他的成果。这次争论大大地干扰了两位学者的正常生活（图 1.6）。

图 1.6　牛顿与莱布尼茨的论争

不过后来，经过历史考证，莱布尼茨和牛顿使用的方法和途径均不一样，对微积分学的贡献也各有所长。牛顿注重于微积分与运动学的结合，发展完善了“变量”的概念，为微积分在各门学科的应用开辟了道路。莱布尼茨则从几何出发，发明了一套简明方便、使用至今的微积分符号体系。因此，如今学术界将微积分的发明权判定为他们两人共同享有。

微积分学刚建立时，因为它对极限概念缺乏严密的定义而受到攻击。例如推导瞬时速度时所用的无限小时间瞬“o”到底是个什么东西？到底是不是0呢？攻击者们认为牛顿自己的说法也是含混不清的，在用它作除法的时候，说它不是0而可以作除法，做完除法之后，又说它是0而将后面的项都甩掉！这不就是一种诡辩术吗？这些质疑当时被称为“无穷小悖论”。但是无论如何，大多数人发现微积分学即使不严密但仍然好用，于是用它解决了各门学科中的许多疑难问题。后来直到19世纪，在柯西、达朗贝尔、外尔斯特拉斯等数学家们的努力下，才将微积分的概念在数学逻辑上严格化、完整化，并由此迈向了更深奥的解析学及微分方程理论。因此，微积分的创建是数学史上，也是科学史上的一件大事，为各门学科的发展立下了不朽功勋。

4.《阿基米德羊皮书》

阿基米德对数学做出了杰出的贡献，在后来历史上公认的、由牛顿和莱布尼茨创立的微积分思想，据说阿基米德的著作也起了关键的作用。这就要谈到十几年前报道的有关《阿基米德羊皮书》的传奇经历。

菲利克斯·欧叶斯是纽约佳士得拍卖行的书籍与手稿总监。1998年10月29日，对他来说是颇为不寻常的一天，那天他拍卖了不少名著，其中包括居里夫人的博士论文、达尔文《物种起源》的第一版、爱因斯坦1905年发表的《狭义相对论》的复印本、罗巴切夫斯基首次发表的非欧几何著作《几何原理》的第一版……不过，最令他得意和激动的，是一本看起来非常破旧的小开本古代羊皮书，这本书不是印刷品，是手写的稿件，此物其貌不扬，品相极差，磨损不堪，布满烧焦、水渍、发霉的痕迹，但拍卖的起价却超高——80 万美元，因为它抄写的是两千多年前古希腊学者阿基米德的著作。

这本又破又旧的小书虽然起价甚高，但据说希腊政府立志要购回此国宝，派出了官方代表参加竞拍，所以很快就将拍卖价推过了 100 万大关。之后，欧叶斯吃惊地发现，希腊政府碰到了非常强劲的对手：一个来自美国、不愿透露身份姓名的神秘买家看来对此宝物是情有独钟、志在必得，他不停地加价，逼得希腊政府无能为力，只好放弃。最后，匿名富商用 200 万美元拍得了这本《阿基米德羊皮书》。

其实，这并不是阿基米德著作的原本，阿基米德在公元前 3 世纪亲手写的著作早已失传，这本羊皮书是公元 10 世纪，一名文士从阿基米德原本的希腊文手卷抄录到羊皮纸上的。文士抄写后，羊皮书原本留在了古修道院的书架上无人问津。没想过了两百年左右，到了 12 世纪，一名僧侣竟然翻出了这本修道院收藏的抄写稿并加以“废物利用”。他一页一页地洗去上面记载了阿基米德文字的墨水，然后写上了他自己所钟爱的祈祷文。羊皮纸在当时十分昂贵，这种洗去原文重新利用的方法并不罕见，因此，那个僧侣看到这本厚厚的、有 174 页的羊皮书一定分外高兴，心想洗干净之后足够我抄写好多篇经文了。况且，阿基米德的著作恐怕当时并不为这个虔诚的僧侣所知晓，所以他才干出这种傻事。不过，幸运的是，这名僧侣没有能够完全洗尽遗稿上的墨水，羊皮上还留下了原稿的一些淡淡字迹。并且，一般来说，即便写字的墨水被洗去而消失了，仍会保留一些物理的痕迹。之后几百年，这部抄本四处流落、无人知晓，不知道经历了多少次磨难和风霜。

到了1906年，丹麦古典学者约翰•卢兹维•海贝尔在伊斯坦布尔的一个教堂图书馆里发现了这本很不起眼的中世纪抄写的祈祷书，并且注意到了在祈祷文后面还隐约藏着一些有关数学的模糊文字。于是，好奇的海贝尔借助放大镜转录了他能看清的手稿的三分之二。

可以想象，当海贝尔发现这本羊皮书中隐藏着的散乱数学文字是两千年前阿基米德的著作时，是何等的高兴和惊喜。但圣墓教堂不允许他把抄写本带出去，于是，在抄写了几部分之后，他让当地的一名摄影师给其余书页拍了照，并用小纸片在这些页做了标记。

后来，羊皮书原本又不知去向。据说可能被一名无耻的修道士倒卖了，最终流传到巴黎一位公务员和艺术迷马里•路易•希赫克斯的手中。20世纪70年代初，希赫克斯的后人开始寻找买主，直到1998年，羊皮书现身纽约交易市场，以200万美元的价格卖给了那位神秘的美国人。

这位美国人买下了羊皮书之后，把它借给了美国马里兰州巴尔的摩市的“沃特斯艺术博物馆”，以供研究，由该馆珍稀古籍手稿保管专家阿比盖尔•库恩特负责保护和破译工作。库恩特用从手术室借来的精密医疗仪器，在显微镜下小心翼翼地拆除羊皮书的装帧，清除上面的蜡迹、霉菌。然后，同约翰斯•霍普金斯大学的科学家用不同波长拍摄了一系列图像。虽然阿基米德的著作和祈祷文都是用同一种墨水写的，但是因为时间相差了两百年，因此有各自特殊的痕迹，对一定的波长有不同的反应。

2005年5月的某一天，斯坦福同步辐射实验室的科学家乌韦•

伯格曼在读一本杂志时，得知阿基米德羊皮书的抄写墨水中含有铁，他马上意识到完全可以用他们实验室里的同步辐射 X 射线来读《阿基米德羊皮书》。同步辐射 X 光源不同于普通体检时使用的 X 射线，它是一种用同步加速器产生出来的新型强光源，具有许多别的光，包括激光都没有的优越性。

同步辐射是加速器中的相对论性带电粒子在电磁场的作用下沿弯曲轨道行进时所发出的副产物，开始时高能物理学家并不喜欢它，后来才发现这是一种极有用处、亮度极高的光源。同步辐射在医疗领域广泛应用，用于辨认病毒细胞、拍摄毛细血管等，传统方法只能分辨几毫米，而同步辐射新光源则能精确到微米。于是，库恩特与柏尔格曼合作，用这种方法来探测阿基米德原文使用的墨水中的铁粒子，终于使羊皮书露出了原来的字迹（图 1.7）。

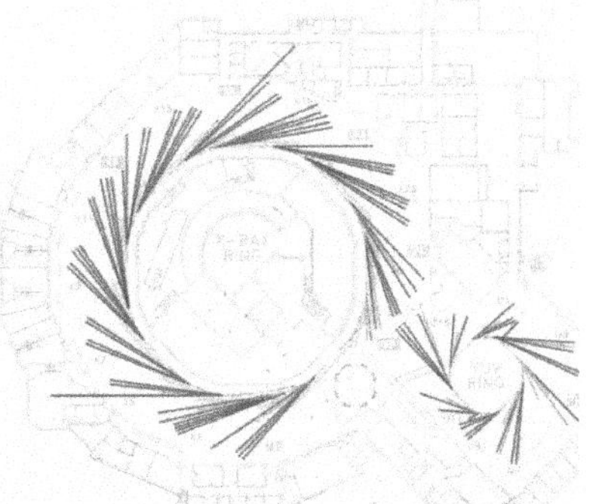

图 1.7　用“同步辐射”还原价值不菲的《阿基米德羊皮书》

物理学家、工程师、古籍研究者的努力使阿基米德的名著重见天日，而羊皮书被复原后的内容则令研究科学史的学者们大吃一惊。没想到早于牛顿一千多年，阿基米德就已经掌握了微积分思想的精髓。羊皮书中的“方法论”和“十四巧板”（图 1.8）在阿基米德以

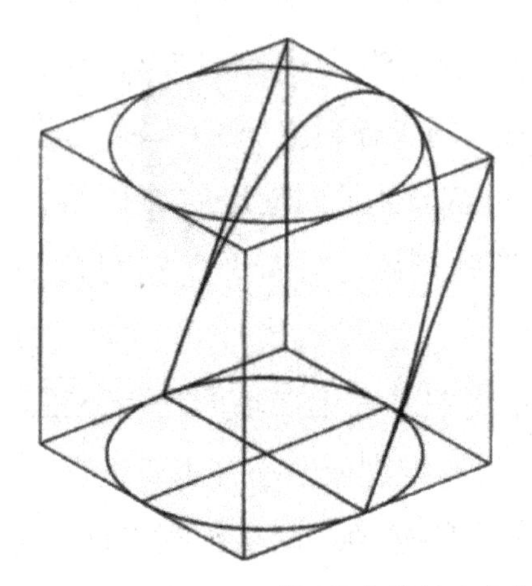
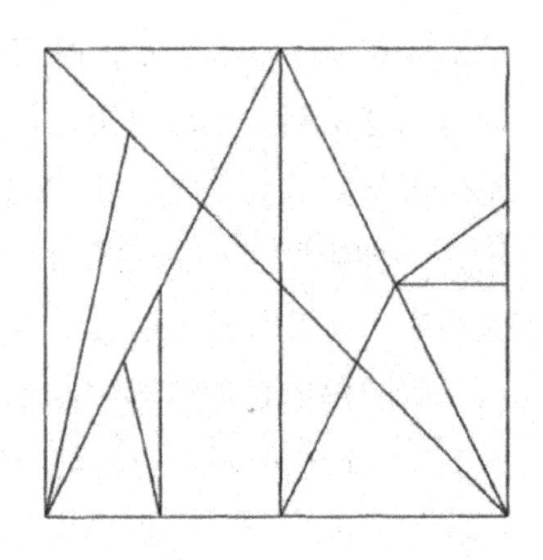

图 1.8　《阿基米德羊皮书》中的“几何图形”和“十四巧板图”

前的著作中从未出现过。在“方法论”中，阿基米德对“无穷”概念进行了许多超前的研究，他通过分析几何物体的不同切面，成功地计算出物体的面积和体积。例如，他把球体体积看作无穷个圆的相加，成功地计算了这个无穷级数之和而得出了正确的答案。

在另一篇新发现的著作《十四巧板》中，阿基米德描述的是一个古代游戏玩具。“十四巧板”有点类似于中国民间的“七巧板”，但因总共有 14 片所以更为复杂些。阿基米德著作中的重点不是教小孩子如何用这 14 个小片来拼出各种各样的小猫、小狗、房屋、家具等有趣的实物形象，而是在进行更深刻的数学研究。阿基米德的兴趣是要讨论“总共有多少种方式将十四巧板拼成一个正方形”，据现代组合数学专家们研究的答案，并得到计算机模拟程序的验证，“十四巧板”中的 14 块小板总共有 17152 种拼法可以得到正方形。并且，这些专家们相信《十四巧板》这篇文章是“希腊人完全掌握了组合数学这门科学的最早证据”。

5. 阿涅西的女巫

微积分发明之后，第一本完整的微积分教科书是由一位女性数学家写的。她叫玛丽亚•阿涅西（Maria Agnesi，1718~1799 年），是意大利的一位数学家、哲学家兼慈善家，她写了《分析讲义》，为传播微积分立下功劳。

阿涅西的父亲出身殷实的丝绸商人之家，是位富有的数学教授。阿涅西在家中 23 个孩子里排行老大，从小就有神童之称。阿涅西 5 岁懂法语和意大利语；9 岁时，她在学术聚会上作有关妇女受教育权利的演说；13 岁懂希腊语、希伯来语、西班牙语、德语和拉丁语等；15 岁开始，她负责整理父亲在家中定期举行的哲学和科学讨论聚会的记录，后来总结出版为《哲学命题》一书。在父亲组织的这些学术交流聚会上，年轻的阿涅西聆听学者们讨论物理、逻辑、天文等各种问题，在增长知识的同时，也时常会跟博学的客人们辩论，她伶牙俐齿，精通多种语言，被朋友们戏称为“七舌演说家”。

阿涅西是其父亲引以为傲的沙龙中的明珠，她的才华和睿智备受人们欢迎。但是，到了 20 岁左右，外表开朗，本质上却颇为内向的阿涅西很快厌倦了这样的社交活动和聚会，产生了“去修道院做修女，为穷人服务”的念头。但最后与父亲摊牌的结果是，阿涅西没有去当修女，父亲也让步同意她减少社交聚会活动，她开始全心研究数学。之后数年，阿涅西凭借自己的学识和超人的语言才能，在抽象的数学世界中轻松遨游，将世界各国许多不同数学家的学说和理论融汇统一在一起。1748 年，她 30 岁时写成了微分学著作《适用于意大利青年学生的分析法规》，即《分析讲义》，其中包括牛顿的流数术以及莱布尼茨的微分法等。

这本书中还讨论了一种被后人称为“阿涅西的女巫”（witch of

Agnesi）的曲线，也就是“箕舌线”（图 1.9）。

“箕舌线”是什么呢？其实是一种简单的、很容易理解的 2 维曲线。如图 1.9 所示，考虑半径为 a 的圆，下面有一条水平线切圆于 O 点（x 轴），上面有一条水平线切圆于 A 点，C 是圆上一个动点。过 OC 作直线与上方的水平线交于 D 点，再由 D 点作垂直线交 x 轴于 E 点，与过 C 点的水平线交于 P 点。当 C 点沿着圆周移动时，由此而得到的 P 点的轨迹就是“箕舌线”。

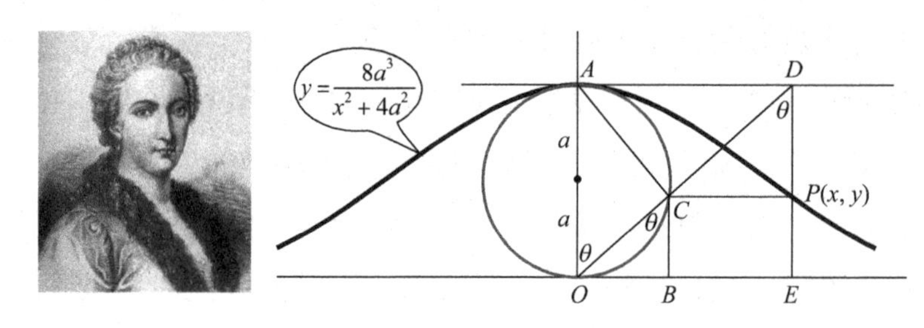

图 1.9　玛利亚·阿涅西和她最著名的研究“箕舌线”

为什么又把这曲线叫作“阿涅西的女巫”呢？这是因为翻译阿涅西的意大利文著作时错译的结果。实际上阿涅西并不是第一个研究这种曲线的人，物理学家费马更早提到过它，它的拉丁文名字是 versorio，表示转动的意思。但这个单词与意大利文中的 versiera 发音类似，意思却变成了“女巫”。也许是后来的学者喜欢这个稍带恶作剧的名字，便将错就错，让它和女数学家的名字连在一起，流传了下来。

箕舌线有许多有趣的性质，比如，箕舌线与 x 轴之间所围成的面积是一个有限的数值，刚好等于生成它的圆的面积的 4 倍。此外，箕舌线在物理上的应用是统计学中柯西分布的概率密度函数。

阿涅西的《分析讲义》是本超过千页的经典巨著，被法国科学院称作“在其领域中写得最好最完整的著作”，其中包含了从代数到微积分和微分方程领域中牛顿和莱布尼茨的原始发现，并且把各国数学家提出的不同的微积分表达方式统一了起来。阿涅西的这本微积分教科书被翻译成多种语言，在欧洲流行了 60 多年。教宗本笃十四世特别颁给她一顶金花环以及一块金牌，以表彰她在数学上的卓越贡献。

1750 年，阿涅西被任命为博洛尼亚大学数学与自然哲学系主任，是历史上继劳拉 • 巴斯（1711~1778 年）后第二位成为大学教授的女性。有趣的是，这位劳拉 • 巴斯也是意大利科学家，两位女性意大利学者能在两百多年前的 18 世纪先后成为大学教授，与当时教宗本笃十四世重视学术自由、支持女性发展的思想有关。

1752 年，阿涅西的父亲去世了，这正是她得到意大利及欧洲数学界越来越多关注之时。但我们的女学者忘不了年轻时代“为穷人服务”的理想，当初也只是为了满足父亲的期望、作为不参加社交活动的妥协才研究数学。因而，父亲过世后，阿涅西便将自己的目光投向了修道院和慈善事业。

阿涅西拒绝了都灵大学数学教授们的邀请，坚持不再做数学，她把全部的心力投入到救助穷人与神学研究之中。她将家里的一些房子用来安置穷苦的人们，她为贫困女性设立了一个疗养院，最后自己也搬进了疗养院里居住。这个把自己人生的最后 47 年奉献给慈善事业的人，在 1799 年身无分文地去世了。最后，这位女数学家和疗养院其他 15 名女病人一起，被埋在了一块无名的墓地里。

6.“傻博士”相亲

在日常生活中，诸如微积分一类的数学方法有时还是大有用途的，有一件“傻博士相亲”的故事，便是一个有力的佐证。

且说几年前留学人员中有一位外号“傻博士”的学人，精通数学，小有成就，唯有一老大难问题尚未解决：已经将近40岁还没有交上女朋友。于是，那年他奉母命回国相亲，据说半个月之内来了100名佳丽应召。后来，这位“傻博士”经过严格的数学论证，采用了一种他认为的“最佳策略”，终于百里挑一，赢得美人归，如今已是儿女一双，其乐融融，在硅谷传为佳话。

这里还需加上一段话，即描述“傻博士”母亲设定的条件。人们常说，“有其父必有其子”，对“傻博士”之母则用得上“有其子必有其母”，母亲要求他在这15天之内，要对这100名佳丽一个一个地面试，每位佳丽只能见一次面，面试一个佳丽之后立即给出“不要”或“要”的答案，如果“不要”，则以后再无机会面试该位女子，如果答案是“要”，则意味着博士选中了这位女子，相亲过程便到此结束。

那么，对于母亲这种“见好就收，一锤定音”的要求，“傻博士”的“最佳策略”又是怎么样的呢？

既然是“最佳”，那应该用得上微积分中的最优化、求极值的技巧吧？果然是如此，我们首先看看，“傻博士”是如何建造这个问题的数学模型的。

这看起来是个概率的问题。假设，我们想象，按照“傻博士”对女孩的标准，将100个女孩作一个排行榜，从1～100编上号，#1是最好的，然后是#2，#3，…，#n。当然，“傻博士”并不知道当时面试的女孩是#多少，这些号码随机地分布在“傻博士”安排的另一个面试序列(1, 2, 3, …, r, …, l, …, n)中(图 1.10)。“傻博士”的目的就是要寻找一种策略，使得这“一锤定音”定在 #1 的概率最高。

设想一下，“傻博士”可以有好多种方法做这件事。比如说，他可以想得简单一点，预先随意认定一个数字 r（比如 20），当他面试到第 r 个人的时候，就定下来算了。这时候，这个人是 #1 的概率应该是 1/100。这种简单策略的概率很小，“傻博士”觉得太吃亏。比如说，当他面试到第 20 个人时，如果看到的是个丑八怪也就这么定下来吗？显然这不是一个好办法。那么，将上面的方法做点修正吧。他可以从第 20 个人开始认真考察，将后面的面试者与前面面试过的所有人加以比较，比如说，如果“傻博士”觉得这第 20 个面试者比前面 19 个人都好，他便可以“见好就收”，否则，他将继续面试第 21 个，并将她与前面 20 人相比较，如果不如前面的，则继续面试第 22 个，并将她与前面 21 人相比较。如此继续下去，直到面试到比前面的面试者都要好的人为止。

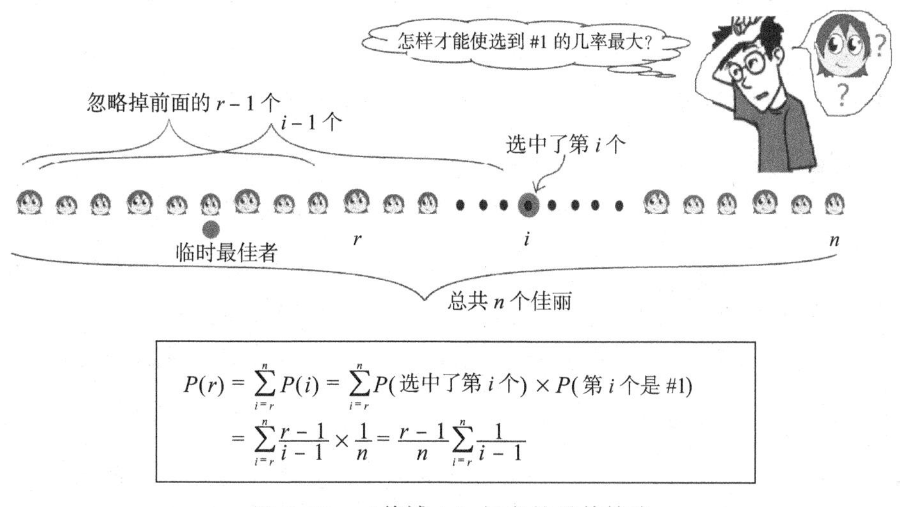

$$P(r)=\sum_{i=r}^{n}P(i)=\sum_{i=r}^{n}P(\text{选中了第 } i \text{ 个})\times P(\text{第 } i \text{ 个是 \#1})$$
$$=\sum_{i=r}^{n}\frac{r-1}{i-1}\times\frac{1}{n}=\frac{r-1}{n}\sum_{i=r}^{n}\frac{1}{i-1}$$

图 1.10　“傻博士”相亲的最佳策略

根据图 1.10,我们总结一下“傻博士”策略的基本思想:对开始的 $r-1$ 个面试者，答复都是“不要”，等于是“忽略”掉这些佳丽，只是和她们谈谈观察了解一下而已，直到第 r 个人开始，才认真考虑和比较，如果从第 r 个人开始面试到第 i 个人的时候，觉得这是一个比前面的人都更中意的人，便决定说“要”，从而停止这场相亲。图 1.10 中还标出了一个“临时最佳者”，这和实际上隐藏着的排行榜中的 #1 是不同的。“临时最佳者”指的是“傻博士”一个一个面试之后到达某个时刻所看到的最好的佳丽，这个人是随着“傻博士”已经面试过的人数的增加而变化的。

这里还有一个问题，对 100 个人而言，到底前面应该“忽略”掉多少个人，才是最佳的呢？也就是说，对 n 个面试者，r 应该等于多大，才能使得最终被选定的那个面试者是 #1 的概率最大？ r 太小了当然不好，比如说，如果令 $r = 2$，那就是说，只忽略第 1 个，如果第 2 个比第 1 个好的话,就定下了第 2 个,当然也可能继续下去，但很有可能使你的决定下得太快了，似乎还没有真正开始面试，过程就结束了。r 太大显然也不行，比如说，$r = 99$，那就是说，从第 99 个人才开始比较。如此一来，因为忽略的人数太多，#1 被忽略掉的可能性也非常大,面试了这么多的人,将“傻博士”累得半死，却不得好报，选出 #1 的概率只是大约为 2/100 而已。

也许，应该忽略掉一半，从中点开始考察？也许，这个数符合黄金分割原则 0.618 ？也许与另外某个有名的数学常数（π 或 e）有关？然而，这都是一些缺乏论据的主观猜测，“傻博士”是科学家，还是让数学来说话吧。

我们首先粗糙地考察一下，对某个给定的 r，应该如何估算最后选中 #1 的概率 $P(r)$。对于给定的 r，忽略了前面的 $r-1$ 个佳丽之后，从第 r 个到第 n 个佳丽都有被选中的可能性。因此，在图 1.10 中的公式中，这个总概率 $P(r)$ 被表示成所有的 $P(i)$ 之和。这里的 i 从 r 到 n 逐一变化，而 $P(i)$ 则是选中第 i 个佳丽的可能性（概率）乘以这个佳丽是 #1 的可能性。

选中第 i 个佳丽的可能性是多少？取决于第 i 个佳丽被选中的条件，那应该是当且仅当第 i 个佳丽比前面 $i-1$ 个都要好，而且在前面的人尚未被选中的情形下才会发生。也可以说，第 i 个佳丽被选中，当且仅当第 i 个佳丽比之前的“临时最佳者”更好，并且这个“临时最佳者”是在最开始被忽略的 $r-1$ 个佳丽之中。因为如果“临时最佳者”在从 r 到 i 之间的话，她面试后就应该被选中了，然后就停止了相亲过程，第 i 个佳丽就不会被面试。

此外，这第 i 个佳丽是 #1 的可能性是多少呢？实际上，按照等概率原理，每个佳丽是 #1 的可能性是一样的，都是 $1/n$。因此根据上面的分析，我们便得到了图 1.10 所示的选中 #1 的概率公式。

从公式可知，选中 #1 的概率是“傻博士”策略中开始认真考虑的那个点 r 的函数。读者不妨试试在公式中代入不同的 n 及不同 r 的数值，可以得到相应情况下的 $P_n(r)$。比如说，我们前面所举的当 $n=100$ 时候的两种情形：$P_{100}(2)$ 大约等于 6/100；$P_{100}(99)$ 大约等于 2/100。

下一个问题就是要解决 r 取什么数值，才能使得 $P_n(r)$ 最大？如果我们按照图 1.10 的公式计算出当 $n=100$ 时，不同 r 所对应的概率数值，比如令 r 分别为 2、8、12、22……将计算结果画在 $P_n(r)$ 图上，如图 1.11（a）所示。我们可以将这些离散点连接起来成为一条连续曲线，然后估计出最大值出现在哪一个点上。这是求得 $P(r)$ 最大值的一种实验方法。

然而，我们更感兴趣从理论上分析更为一般的问题，这就要用到牛顿和莱布尼茨发明的微积分了。

首先，我们想一个办法将 $P_n(r)$ 变成 r 的连续函数，因为只有对连续函数才能应用微积分。为了达到这个目的，我们分别用连续变量 $x=r/n$、$t=i/n$ 来替代原来公式中的离散变量 r 和 i。此外，最好使得研究的问题与 n 无关。因此，我们考虑 n 比较大的情形，n 趋近于无穷大时，$1/n$ 是无穷小量，可用微分量 $\mathrm{d}t$ 表示，而公式中的求和则用积分代替。如此一来，图 1.10 中 $P(r)$ 的表达式对应于连续函数 $P(x)$

$$P(x)=x\int_x^1\frac{1}{t}\mathrm{d}t=-x\log(x) \tag{1.1}$$

图 1.11（b）画的是连续函数 $P(x)$（$=-x\ln x$）的曲线，这里的 log 和 ln 都表示自然对数，即以欧拉常数 e 为基底的对数函数。图中可见，函数在位于 $x=0.4$ 左右的地方，有一个极大值。

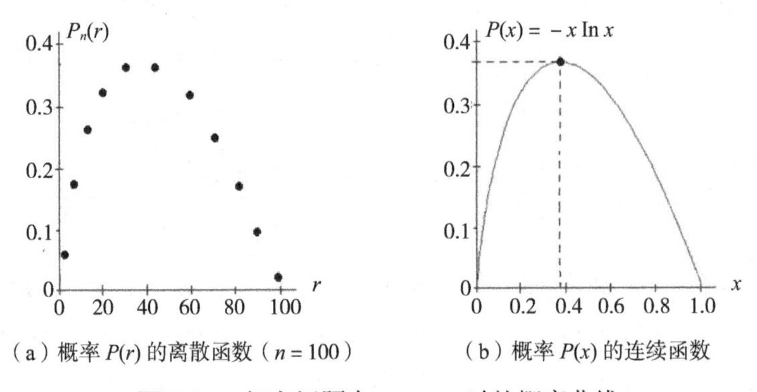

（a）概率 $P(r)$ 的离散函数（$n=100$）　（b）概率 $P(x)$ 的连续函数

图 1.11　相亲问题中 $n=100$ 时的概率曲线

从微积分学的角度看，极大值所在的点是函数的导数为 0 的点，函数在这个点具有水平的切线。但是导数为 0，不一定对应的都是函数值为极大，而是有 3 种不同的情况：极大、极小、驻点。用该点二阶导数的符号可以区别这 3 种情形，见图 1.12。

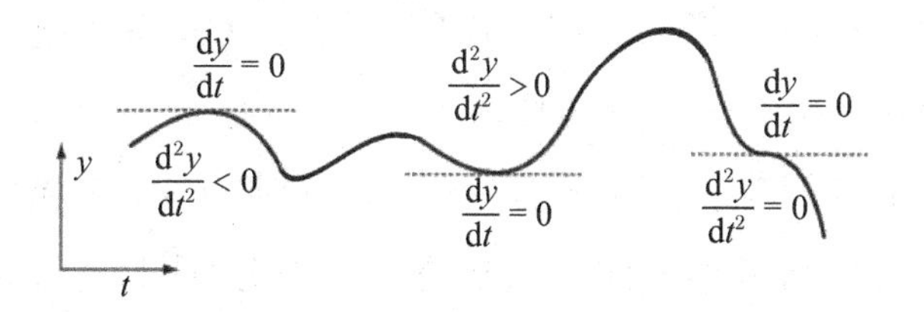

图 1.12　函数的极值处导数为零

所以，令公式（1.1）对 x 的导数为零，便能得到函数的极值点：$x = 1/e = 0.36$，这个点概率函数 $P(x)$ 的值也等于 1/e，大约为 0.36。

将上面的数值用于“傻博士”相亲问题，当 $n = 100$ 的时候，得到 $r = 36$。也就是说，在“傻博士”的面试过程中，他首先应该忽略前面的 35 位佳丽。然后，从第 36 位面试者开始，便要开始认真比较啦，只要看见第一个优于前面所有人的面试者，便选定她！利用这样的策略，傻博士选到 #1 的可能性是 36/100，大于 1/3。这个概率比起前面所举的几种情况的概率：1/100、6/100 等，要大多了。

现在你能够体会到微积分在日常生活中的用途了吧。上面所述的相亲策略实际上是概率及博弈论中一个著名问题：Secretary problem[5] 的翻版，这个问题可以用在多种情况中，所以便得到了好些个不同的名称：秘书问题、未婚夫问题、止步策略、苏丹嫁妆问题等。这个问题的第一个版本来自于美国数学家 Merrill Meeks Flood (1908 ~ 1991 年) 在 1949 年的一次讲座中所作的一个学术报告。

用微积分的方法来求函数的极值，达到最优化，也是日常生活和工作中经常会碰到的、需要解决的难题，是微积分在各行各业中最重要、最广泛的应用之一。

相亲问题的策略还可以因不同情况有不同的修改。比如说，也许“傻博士”会换另一种思路考虑这个问题。他想，为什么一定只考虑 #1 的概率呢？实际上，#2 也不一定比 #1 差多少啊。于是，他便将原来的方法进行了一点点修改。

他一开始的策略和原来一样，首先忽略掉 $r-1$ 个应试者，然后从第 r 个佳丽开始考察、比较、挑选，等候出现比之前的佳丽都好的临时第一名。不过，在第 r 个人之后，如果这个临时第一名久久不露面的话，“傻博士”便设置了另外一个数字 s，从第 s 个佳丽开始，既考虑 #1，也考虑 #2。

我们仍然可以使用与选择第一佳丽的策略所用的类似的分析方法，首先推导出用此策略选出 #1 或 #2 的离散形式的概率 $P(r,s)$[6]，这时候的概率是两个变量 r 和 s 的函数。然后，也利用之前的方法，将这个概率函数写成一个两个变量的连续函数。为此，我们假设从离散变量 r,s 到连续变量 x,y 的变换公式为

$$x=\frac{r}{n},\quad y=\frac{s}{n} \tag{1.2}$$

然后，考虑 n 趋近于无穷大的情形，可以得到相应的连续概率函数为

$$P(x,y)=2x\ln\frac{y}{x}-x(y-x)+2x-2xy \tag{1.3}$$

$$\frac{\partial P}{\partial x}=0,\quad \frac{\partial P}{\partial y}=0 \tag{1.4}$$

公式（1.3）是一个有两个变量的函数，其函数随 x 和 y 的变化可用一个 3 维空间中的 2 维曲面表示，如图 1.13 所示。这个函数的极值可以令 $P(x,y)$ 对 x 和 y 的偏导数为 0，见公式（1.4）。解出上面的方程便能得到这种新策略下相亲问题的解：当 $x=0.347$，$y=0.667$

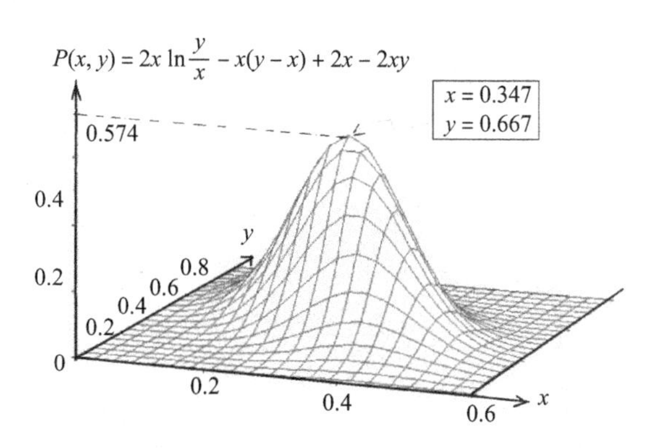

图 1.13 2 维概率分布函数

时，概率函数 $P(x,y)$ 有极大值，等于 0.574。

将上面的数值应用到"傻博士"相亲的具体情况，即 $n = 100$ 时，可以得到 $r = 35$，$s = 67$，这个 r 和 s 是四舍五入的结果，因为它们必须是整数。因此，傻博士如果采取这种"选择 #1 或 #2"的策略的话，他成功的概率大约是 57/100，比"选择 #1"的成功的概率（36/100）又高出了许多。这充分体现了数学的威力。

7. 图解微积分

下面我们将微积分的一些主要概念通过图 1.14 作一个总结，以加深读者的印象。

微分，这个词在用法上有些混淆，有时将它用来表示无穷小量 $\mathrm{d}x$ 或 $\mathrm{d}y$，有时又用以表示函数 $y = f(x)$ 对 x 的导数。可以如下定义函数 y 的导数：在给定点 x，当自变量 x 增加一个 Δx 时，如果函数 $y = f(x)$ 的增量为 Δy 的话，当 Δx 趋于 0 时，Δy 和 Δx 的比值 $\Delta y/\Delta x$ 的极限被定义为函数在该点对 x 的导数，记为 $\mathrm{d}y/\mathrm{d}x$。从图 1.14 可以看出，1 维函数曲线在一点的导数是这条曲线在该点切线的斜率。曲线的每一个点都可以作一条切线，对应于一个相应的斜率值，

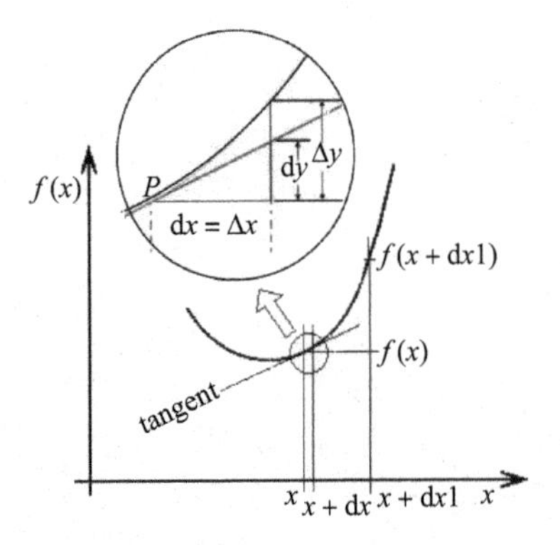

(a) 导数是当 dx 趋于 0 时 d$f(x)$ 与 dx 的值的极限

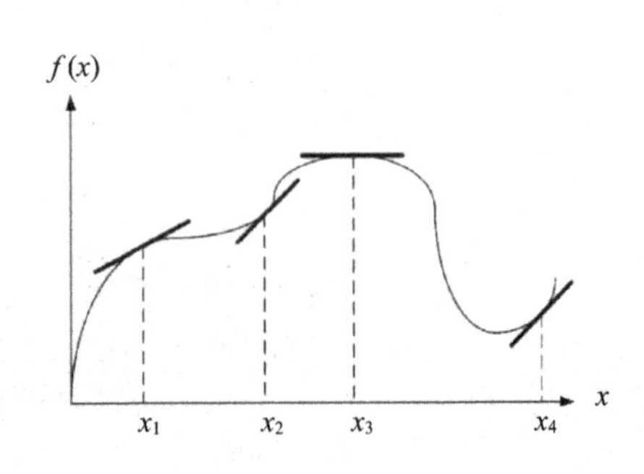

(b) 函数的导数是函数在某一点的切线的斜率

图 1.14　函数的导数

也就是说，函数 $y=f(x)$ 的导数 $y'=f'(x)$ 也是 x 的函数，叫作一阶导数。我们可以对一阶导数函数 $f'(x)$ 再求导数，请注意，上述说法基于一个假设：即假设曲线是连续平滑的，可以求导数、再求导数，一直做下去。然后，一阶导数函数 $f'(x)$ 的导数叫作 $f(x)$ 的二阶导数，记为 $f''(x)$。依次类推，函数 $f(x)$ 的 n 阶导数记为 $f^{(n)}(x)$。

刚才所举的例子大多数都是讲的一元函数，也就是说，函数 $f(x)$ 只有一个变量 x。实际上，函数还可以是不止一个变量的函数。比如说，我们出外旅游时碰到的山坡的高度就是两个方向变量 x（东西方向）和 y（南北方向）的函数。大气的温度 T 是一个与我们日常生活紧密相关的物理量，一般来说，它也是好几个变量的函数。首先，它是时间 t 的函数，春夏秋冬、早上晚上，气温总是在不停地变化着。除了时间变量之外，气温显然会因你所在的地理位置不同而不同。你到全国各地、世界各地旅游之前，都要上网查询了解一下各地的天气预报。地理位置 x, y 又给气温增加了两个变量。此外，你所要去的地点的高度 z 应该是影响气温的第 4 个变量，比如你去爬山，山上和山下的温度也是不同的。如此一来，大气温度 $T(t, x,$

y, z) 是个 4 元函数，那么，它对这 4 个变量都可以求导数。一般我们所用的方法是：只让多个变量中的 1 个变量变化，而让其余的变量保持某个数值不变。这样得到的导数叫作偏导数，记为 $\partial T(t, x, y, z)/\partial t$。比如说，刚才所举的大气温度的例子，将地点固定在北京，高度为地面，这样就只剩下一个时间变量 t。气温成为 t 的一元函数，要计算气温 T 对时间 t 的偏导数，便可以应用一元函数求导数的方法。

积分是微分的逆运算，也就是计算函数的导数函数方法的逆运算。微分和积分都是关于无穷小和无穷大的极限过程。微分计算的是，当变化的小量 Δx 趋近无穷小 $\mathrm{d}x$ 的时候，相关的另一个小量 Δy 与其比值的极限，而积分则是公式（1.5）所描述的求和运算的极限。

$$\int_a^b f(x)\,\mathrm{d}x = \lim_{n\to\infty}\sum_{i=1}^{n} f(x_i)\,\Delta x_i \tag{1.5}$$

设 $f(x)$ 是一个自变量 x 的函数，如图 1.15（a）所示，积分的意思是什么呢？我们以图中最右边从 a 到 b 的那一段图形为例来解释。首先，将从 a 到 b 的自变量分成 n 个小段 Δx_i，分割点对应的自变量数值为 x_1, x_2,…, x_n，每个自变量 x_i 对应的函数值为 $f(x_i)$。如图 1.15（b）中的中图所示，$f(x_1) = L_1$，$f(x_2) = L_2$，…，$f(x_n) = L_n$。

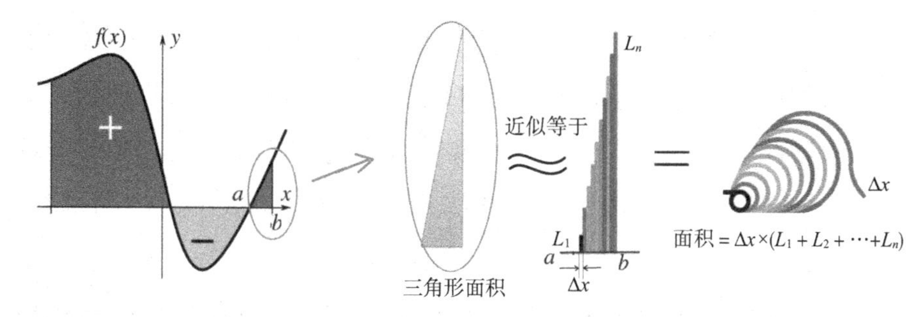

(a) 积分可以理解为函数曲线下的面积　　(b) 应用积分计算图形的面积

图 1.15　用定积分计算面积

也就是说，我们将从 a 到 b 的图形［图 1.15（b）中左边的三角形］分成了 n 个长条。显然，第 i 条长条的长度 L_i 和长条的宽度 Δx_i 的乘积 $L_i\ \Delta x_i$ 是该长条的面积。公式（1.5）右边的求和符号，就是将这 n 个长条的面积加起来而得到图 1.15（b）中图所有长条的面积和，这个面积和是图 1.15 左边三角形面积的近似值。现在，我们想象将这一段长度无限细分下去，分割点的数目 n 趋向无穷大，而 Δx_i 则趋向无穷小（用 $\mathrm{d}x$ 表示）。由于每个长条的宽度趋向无穷小，所以每个长条的面积也趋于无穷小。但是，由于 n 趋向无穷大，所以有无穷多个无穷小量加在一起，最后得到一个有限的数值，这就是积分的基本思想。从上述分析可知，当 Δx 趋于 0 时，求和后的总面积趋近于图 1.15（b）中图三角形的面积。因此，一元函数的积分，可以被理解为函数曲线与 x 轴及通过两边积分限 a 和 b 的垂直线所包围的总面积。需要注意的一点是，通常我们说的面积总是一个正数，但在积分意义下所谓的“总面积”，既有正的部分，也有负的部分，由被积函数 $f(x)$ 的正负号所决定，请参考图 1.15（a）。

积分分为定积分和不定积分，定积分的意思就是如刚才所叙述的 a 到 b 之间的图形面积，即公式（1.5）中的求和，也就是当积分范围 a 和 b 是两个固定数值时得到的极限。

换言之，定积分是一个固定的数值。一元函数的定积分描述的是图形的面积，因而也可以用定积分来计算复杂图形的面积。与多元函数微分的概念一样，一元函数积分的概念可以被推广到多元函数。比如说，可以应用二元函数的定积分来计算复杂形状的体积，如图 1.16 所示。与计算面积类似，积分计算体积的思想就是，将整个体积分成许多个小长方块，用所有小长方块体积的总和来近似复杂形状物体的体积。然后，令小长方块的数目趋于无穷大，每个小

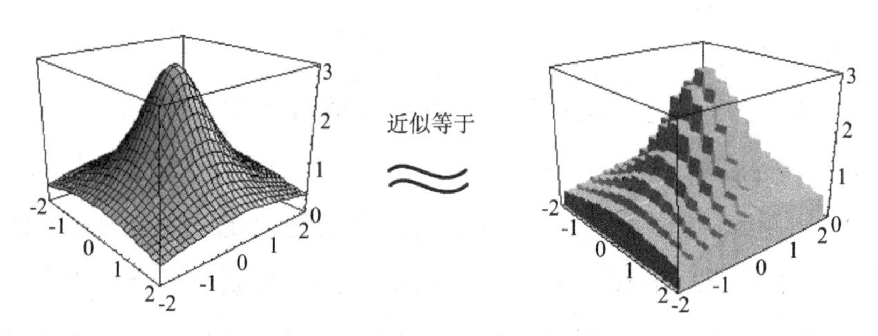

图 1.16　用定积分计算体积

长方块的体积则趋于无穷小，最后，无穷多个无穷小加在一起的总和得到一个固定的数值，就是这个二元函数的积分，也就是该物体的体积。

那么，不定积分又是什么意思呢？不定积分可以很容易从定积分的概念中得到。顾名思义，定积分的积分限（下限 a 和上限 b）是固定的，而不定积分则意味着积分限不固定。一般来说，我们将积分的下限固定，而上限变动，记为变量 x，那么，不定积分可以表示为

$$\int_0^x f(t)\,\mathrm{d}t \tag{1.6}$$

在公式（1.6）中，我们将积分号内的变量用 t 表示，以区别于新变量 x。这个新变量表示的是积分限的变化，也就是积分范围的变化。公式（1.6）也将积分的下限定成了 0，这只是一个相对值而已，无关紧要，不定积分的重点在于上限是一个变数，正因为如此，不定积分不是一个固定数值，而是一个以 x 为自变量的函数。下面我们从一个例子来考察这个函数。

积分在几何上可以理解为图形的面积，而在不同的应用场合，可以对应于不同的物理量。比如说，在图 1.17 所举的例子中，积分

对应于水流量。

设想一个水龙头往水盆里注水，如图 1.17。水龙头开得越大，水注入的速度就越快。不过，这个水龙头被一个顽皮的小猫操纵着。开始时，它缓慢而均匀地转动龙头，水流速度随时间 t 成比例增长如图 1.17（a），随着时间流逝，水盆里的积水量也不断增加。如果 $2t$ 直线表示的是水流速度函数曲线的话，图 1.17（b）中的 t^2 抛物线表示的就是水盆中的积水量。因而，在这个例子中，积水量是一个不定积分，是一个函数，并且，积水量也是时间 t 的函数。

后来，小猫对水龙头操作熟练了，可以任意地改变水流速度，比如像图 1.17（c）所示的函数曲线那样，它开始将水流速度变大，后来又将龙头反方向转回来，水流变小。在这种情形下，水盆里越来越多的积水量仍然可以用图中水流曲线对时间的积分来计算。与定积分时的情况一样，积水量对应于曲线下的面积可以用一小段一

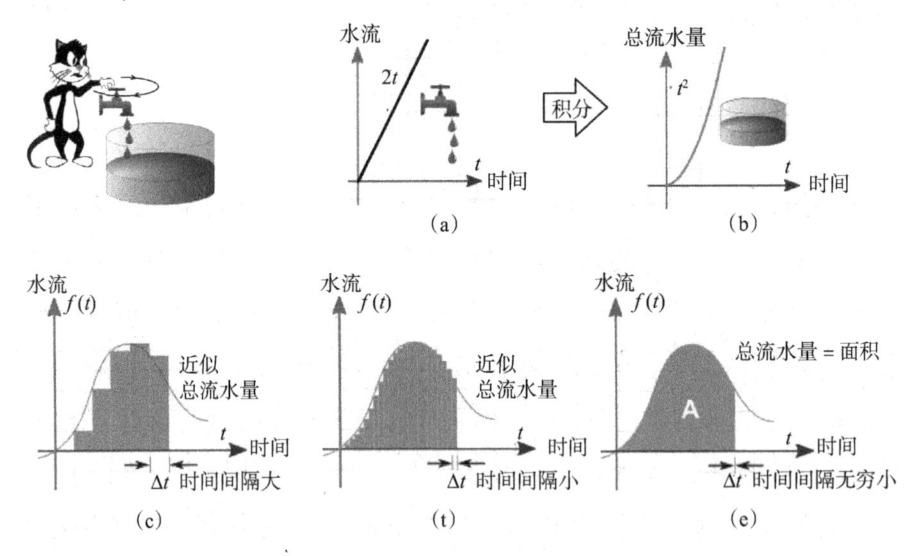

图 1.17 不定积分是一个函数

小段时间中水流量的求和来近似，当时间小段趋于无限小时，极限便是总的水流量。这个问题中有两个时间变量，一个是水流速度随时间变化的时间变量，另一个是盆中的积水量随时间变化的时间变量，在具体计算时务必要注意加以区分。

微积分经常被用于力学中以解决速度、加速度及位置这些物理量函数之间的运动学问题。比如，考虑图 1.18 所示的在高速公路上的一辆匀加速行驶的汽车。汽车的位置关于时间的函数如图 1.18（a）所示，是一条向上的抛物线；汽车的速度曲线则是位置函数的微分，是一条向右上方的直线［图 1.18（b）］；汽车的加速度则是速度函数的微分［图 1.18（c）］，由于这种情形下速度函数是斜率不变的直线，在直线上微分处处相等，所以最后得到的加速度是一条平行于 x 轴的水平线，表明了匀加速运动加速度不变的特征。以上描述的微分过程是从左到右进行的，从位置到速度，再到加速度。如果反过来从右到左的话，则可以通过函数的积分过程从加速度积分得到速度，速度再积分得到位置。

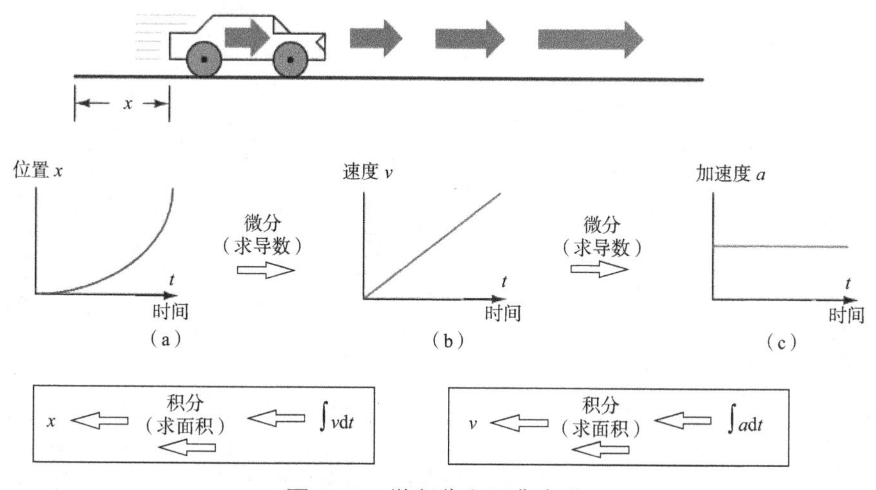

图 1.18　微积分和经典力学

在微积分的方法中，计算极值来使函数最优化的方法在各行各业中有许多实际应用。前面的“傻博士相亲”问题算是其中之一。图 1.19 中左图，看起来像一个在崇山峻岭中找出一条从某地到某地的最短路线的问题，这将要涉及从微积分发展起来的另一门数学分支:变分法。变分法有很多有趣的应用实例,我们将在下一章中叙述。

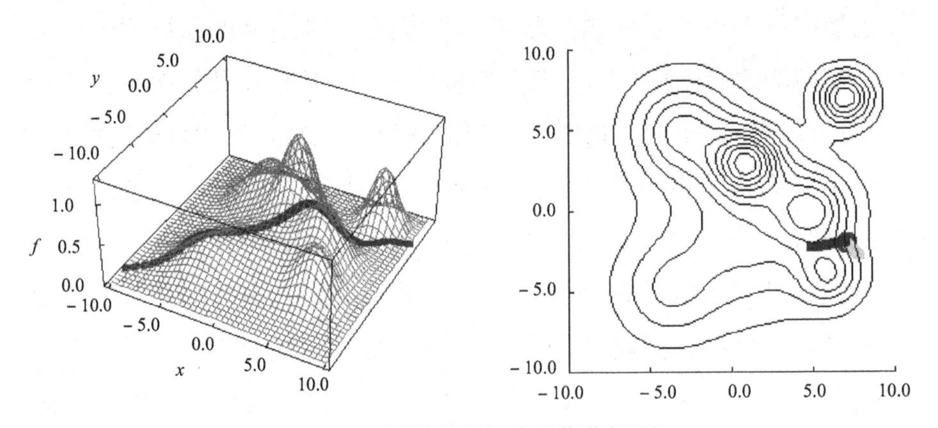

图 1.19　用微积分解决最优化问题

第2章

微积分到变分法

“上帝创造了整数，其他一切都是人为的。”——克罗内克

1. 哪条滑梯最快？

大家都见过儿童乐园的滑梯（图 2.1）。滑梯有各种各样的形状，孩子们从上面飞速滑下，不亦乐乎。但你是否想过：什么形状的滑梯才能使得滑动者到达地面的时间最短呢？这实际上是一个著名的数学问题，微积分方法的出现促成了它的解决，并由此开拓了一门与物理学紧密相关的新的数学分支：变分法和泛函分析。

图 2.1　各种各样的滑梯

别着急，且听我们慢慢道来，先从微积分建立之后，欧洲两位数学家——伯努利兄弟之争说起。

瑞士的伯努利家族是世界颇负盛名的科学世家，出了好几个有名的科学家，驰骋影响学界上百年。学物理的人都知道流体力

学中有一个著名的伯努利定律，说的是有关不可压缩流体沿着流线的移动行为，这个定理由丹尼尔·伯努利（Daniel Bernoulli，1700~1782年）提出。丹尼尔的父亲和伯父都是他们那个时代著名的数学家。

有意思的是，伯努利家族这几个科学家之间相处得并不和谐，互相在科学成就上争名夺利、纠纷不断。尤为后人留下笑柄的是丹尼尔的父亲约翰·伯努利（Johann Bernoulli，1667~1748年）[7]。

约翰·伯努利和他的哥哥雅各布·伯努利（Jakob I. Bernoulli，1654~1705年）都为微积分的发展做出了杰出贡献。约翰进入巴塞尔大学时，比他大13岁的雅各布已经是数学系教授，因此，约翰向大哥学习数学。两人既是兄弟手足，又是师生关系。

约翰天资聪明，拜大哥为师的两年之后，他的数学能力就达到了与哥哥能一比高低的水平。但智力水平的高低并不等价于人品和修养的高低，约翰不服雅各布，雅各布却仍然将弟弟看成一个学生，两兄弟之间逐渐形成了一种不十分友好的竞争状态。约翰十分妒忌雅各布在巴塞尔大学的崇高地位，于是，无论在私底下，还是在大庭广众中，两人经常互相较劲。不过，世人可以不齿于他们互相嫉妒诋毁的人格，却不能否认他们这种竞争较劲的状态还算有利于学术。下面的几个例子便是对以上说法的佐证。

那个时代的欧洲数学家中，有一股互相出难题来挑战学术界的风气。1691年，哥哥雅各布建议数学家们研究悬链线（catenary）问题（图2.2），也就是两端固定的绳子（或链条）由于重力而自由下垂形成的曲线到底是个什么形状的问题。这个问题现在看起来简单，但在微积分和牛顿力学尚未建立以及刚刚建立的年代，却是不容易解决的。伽利略在1638年就曾经错误地猜测悬链线是抛物线，到了 1646 年，17 岁的少年惠更斯证明了悬链线不是抛物线。但不是抛物线，又是什么线呢？它的方程是怎么样的？当时谁也不知道答案，悬而未决的悬链线问题在等待着微积分的到来[8]。

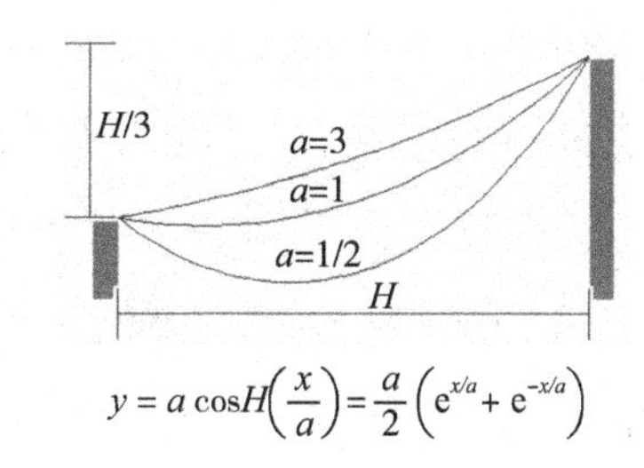

图 2.2　悬链线和方程

雅各布收到了好几个答案，其中包括莱布尼茨、惠更斯以及他的弟弟约翰·伯努利寄来的答案。他们成功地用微积分解决了这个问题，证明了悬链线是图 2.2 中的公式所描述的双曲余弦函数。因为成功地解决了这个问题，骄傲自负的约翰得意非凡，认为这是他在兄弟之争中的辉煌胜利，他更加瞧不起这个他认为“愚笨”的哥哥。约翰在多年后写给朋友的一封信中，还津津有味地描述了当时掩饰不住的“赢了哥哥”的狂喜心态[9]

“我哥哥对此问题的努力一直都没有成功，最后却被我解决了。我不是想自夸，但我为什么要隐瞒真相呢？在找到答案后的第二天早上，我狂奔到我的兄弟那儿，看到他还在为此而苦苦挣扎。他总是像伽利略那样傻想，认为悬链线可能是抛物线。我兴奋激动地告诉他，错了，错了！抛物线是代数曲线，悬链线却是一种超越曲线（transcendental curve）……”

其实，雅各布的数学成就并不逊色于弟弟，他活得没有弟弟长，50 岁就去世了，约翰活到了 80 岁。雅各布在短短的学术生涯中，对微积分及概率论做出很多贡献，其中最为众人所知的是“大数定律”。此外，数学中有许多以伯努利命名的术语，其中十几个都是雅各布的功劳。

1696 年，约翰•伯努利也对欧洲数学家提出了一个挑战难题，那就是著名的最速降落轨道（brachistochrone curve）问题，也就是我们在本节开头所问的“哪条滑梯最快？”的问题。

假设 *A* 和 *B* 是地面上高低不同(*A* 不低于 *B*)、左右有别的两个点，如图 2.3（b）所示。一个没有初始速度的小球，在无摩擦力只有重力的作用下从 *A* 点滑到 *B* 点。从 *A* 到 *B* 的轨道可以有很多，各自有其不同的形状和长短，见图 2.3 中图。问题是：这其中的哪一条轨道，将使得小球从 *A* 点到 *B* 点的时间最短？

如果问的是距离最短，大家在直观上都知道答案是直线，但现在是要你求出所花时间最短的曲线，直观就不太顶用了。有人估计约翰自己当时已经得出了这个问题的答案，而提出这个问题的目的之一是挑战牛顿，其二则是奚落自己的哥哥。奚落雅各布是约翰的嫉妒心所致，那为啥他又要挑战牛顿呢？原因是在牛顿与莱布尼茨对微积分发明权的争夺战上，约翰是始终坚定地站在自己的老师莱布尼茨一边的。

约翰原本规定答案必须在 1697 年 1 月 1 日之前寄出，后来在莱布尼茨的建议下，将期限延长至复活节。期限延长后，为了确保牛顿得知此事，约翰亲自将问题单独寄了一份给他。牛顿毕竟是大师，虽然当时已经年过半百，又繁忙于他的改铸新币的工作，而且自己也承认脑瓜子已经大不如年轻时机敏。但无论如何，据说牛顿在下午 4 点钟收到邮件后，仅仅用了一个晚上便解决了这个问题[10]，并且立即匿名寄给了约翰。这使约翰大为失望，因为他自己解决这个问题花费了两个星期的时间。虽然牛顿未署真名，约翰仍然猜出了是他，并且也不得不佩服地说："我从利爪认出了雄狮！"（I recognize the lion by his paw）。复活节时，约翰共收到五份答案，除了约翰自己和牛顿的之外，还有莱布尼茨、法国的洛必达侯爵以及他的哥哥雅各布。

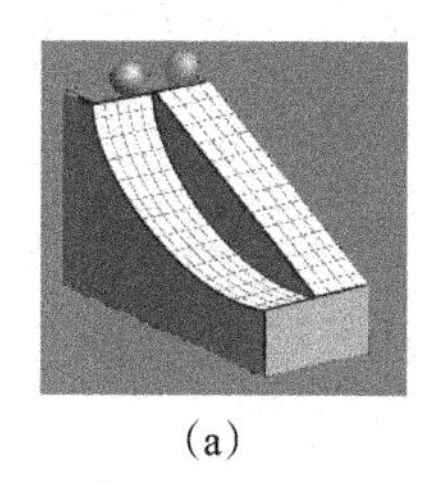

(a)

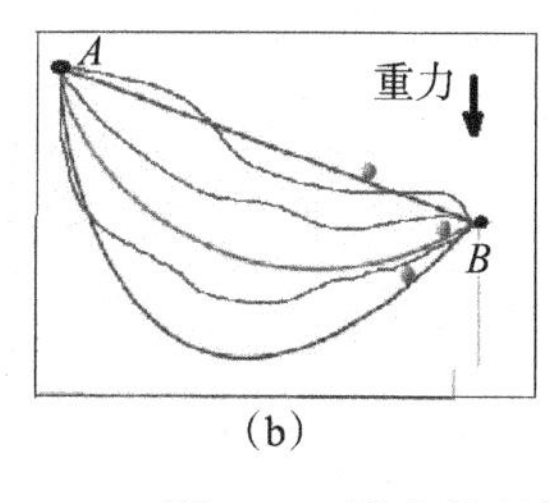

(b)

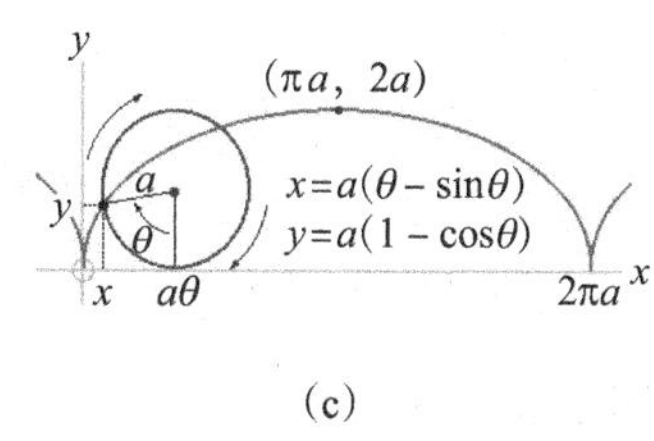

(c)

图 2.3　最速落径问题

最速落径问题被视为数学史上第一个被仔细研究的变分问题，它导致了变分法的诞生，之后更是开辟出泛函分析这一崭新广阔的数学领域。

变分法是什么？它和原始的微积分思想有何异同点？

有了微积分之后，人们学会了处理函数的极大值、极小值问题，我们在"傻博士相亲"一节中有所介绍。物理上也有很多求极值的问题。比如，当我们研究上抛物体所形成的抛物线轨道时，物体能到达的最高点便对应于抛物线的极大值。用微积分的语言来描述，极大极小值和鞍点都是曲线上函数 y（抛出物体的高度）对自变量 x（抛出物体的水平位移）的一阶导数为 0 的点。变分法处理的也是极值问题，不同的是，变分法的自变量不是一个变数 x，而是一个变动的函数 $y(x)$。比如说在上述最速落径问题中问的是，从 A 点到 B 点的各种轨道 [图 2.3（b）中的各种曲线]，即各种函数 $y(x)$ 中，哪一条轨道能使得下滑的时间最短？在这里，需要求极值的函数是

“下滑的时间”，自变量呢，则是在端点 A 和端点 B 固定了的所有“函数”。也就是说，变分法要解决的是“函数的函数”的极值问题。数学家们将这种“函数的函数”称为“泛函”，而变分之于泛函，便相当于微分之于函数。

当初约翰·伯努利提出最速落径问题后收到的五份答案。尽管牛顿的才能使约翰沮丧，他仍然得意地认为自己的方法是所有答案中最简洁漂亮的，他哥哥雅各布的方法最笨最差。牛顿等其余三人用的是微积分方法，在此不表。伯努利兄弟方法的差别何在呢？

约翰的答案简洁漂亮，是因为他借用了光学中费马的光程（或时间）最短原理。法国数学家费马（Pierre de Fermat，1601~1665年）是个很奇怪的学者，他是法院的法律顾问，算是个业余数学家。他的特点是不怎么发表著作，经常只是在书的边缘处写下一些草率的注记，或者是偶然地将他的发现写信告诉他的朋友。现在看来，即使是这种草率注记中的三言两语，已经使世人震撼而忙碌不已了，要是费马正儿八经地专门研究数学，那还了得！例如，1637年，费马在阅读《算术》一书时，曾写下注记：“将一个立方数分成两个立方数之和，或一个四次幂分成两个四次幂之和，或者将一个高于二次的幂分成两个同次幂之和，这是不可能的。关于此，我确信已发现了一种美妙的证法 ，可惜这里空白的地方太小，写不下……”这一段短短的注记——后来被称之为“费马大定理”的猜想，就困惑了数学家们整整358年！

言归正传，费马研究光学时发现，光线总是按照时间最小的路线传播。这个原理是几何光学的基础，可以从后来的惠更斯原理推导出来。事实上，费马原理现代版更准确的表述应该是：光线总是按照时间最小、或最大、或平稳点的路线传播。换言之，光线传播的经典路径是变分为 0 的路径。所以事实上，有关光线传播的费马原理应该算是变分法的最早例子，但在当时，人们尚未认识到这点，也没有进行详细的理论研究。

约翰•伯努利毕竟脑瓜子灵活，将费马原理信手拈来，把小球在重力场中的运动类比于光线在介质中的传播，推导出了最速落径问题中那条费时最短的路径所满足的微分方程。这个微分方程的解，实际上就是同时代的惠更斯曾经研究过的“摆线”（沿直线滚动的圆的边界上一点的轨迹），或者说，最速落径就是倒过来看的摆线，见图 2.3（c）。

约翰很得意地将最速落径问题中的物体类比于光线，貌似轻而易举地解决了问题，也得到了正确的答案［图 2.4（a）］。用现代物理学对光的理解来审查约翰的解法，光和物体也的确可以类比。但在当时，约翰的方法恐怕只能算是一种投机取巧，因为他完全没有证据来说明这种做法的正确性。

雅各布的方法虽然被约翰看不上，被认为太繁复，但却在繁复的推导中闪烁出新的变分思想的光辉。雅各布没有使用像现成的费马原理这类东西，而是从重力运动下小球遵循的物理和几何规律来仔细推敲这个问题。他首先假设小球是沿着一条时间最短的路线下滑的，然后考虑：如果在某个时刻，小球的路线稍微偏离了这条时间最短的路线，走了别的什么路径的话，会发生什么情况呢［图 2.4（b）］？大家可以注意到，上述雅各布的做法已经是一种变分的思想，因为他是在考虑所有微小偏离路径中使得时间最小的那个偏离。然后，他用二阶导数的方法证明了在这种情形下，为了使小球继续走时间最短的路，它的路线的微分偏离量 dx 和 dy 应该满足的方程正好是摆线所满足的微分方程。

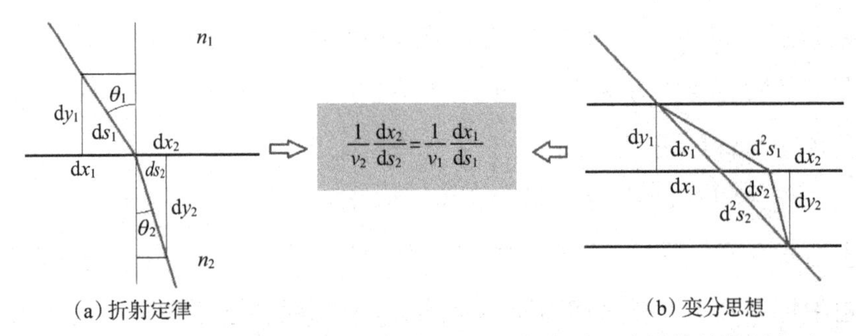

图 2.4　（a）约翰使用折射定律，（b）雅各布用二阶导数的分析方法

从图 2.4 中可粗略看出，约翰简单地使用了费马折射定律，雅各布使用了考虑二阶导数的“烦琐”方法，最后都导出了同样的公式，即图 2.4（a）和图 2.4（b）中间的方程，解决了最速落径问题。

简单之美的确诱人，但从上面的故事我们也可以悟出一个道理：外表简洁漂亮的未见得正确，繁复冗长的功夫也可能并没有白费。

伯努利兄弟的你争我斗推动了变分法和泛函分析的发展。没过几年，哥哥雅各布就去世了。看来，约翰是过不了没有竞争对手的日子，他继而又把对雅各布的嫉妒心转移到了自己的天才儿子丹尼尔·伯努利（Daniel Bernoulli, 1700~1782 年）的身上，据说他为了与儿子争夺一个奖项而把丹尼尔赶出了家门，后来还窃取丹尼尔的成果据为己有。约翰与另一位数学家洛必达之间也有一段纷争，因为众所周知的“洛必达法则”实际上是约翰·伯努利发现的。约翰曾经被洛必达以一纸合约聘请为私人数学老师，洛必达并非有意剽窃伯努利的成果，但伯努利却为此久久不能释怀。更多的故事不在这里讲，只付诸一笑。

2. 安全抛物线

其实，约翰·伯努利使用微积分的方法解决了不少有趣的问题，对数学多个领域都做出了贡献，这是有目共睹的，他大可不必花时间与同行争风吃醋。约翰·伯努利还用莱布尼茨的无穷小量概念证明了另外一个有趣的数学力学问题：安全抛物线问题。

安全抛物线的概念最早是由意大利物理学兼数学家埃万杰利斯塔·托里拆利（Evangelista Torricelli，1608~1647 年）提出的。托里拆利只活了 39 岁，他对科学有所贡献的时期是在牛顿建立微积分及经典力学之前。实际上，托里拆利算是伽利略的关门学生，但当时伽利略被教会软禁在自家的别墅中，师生无法见面，二人只能通信来讨论科学问题，直到伽利略临终前三个月，托里拆利才被教会允许前往探视并陪伴导师度过了最后的时日。这时的伽利略已经卧倒病床，双目失明。因而，托里拆利成了伽利略最后的口述记录者。后来，托里拆利接任了伽利略的数学公爵和比萨大学数学教授之职位，解决了很多重要的数学和力学问题。托里拆利在实用上最著名的贡献是发明了气压计，理论上则建立了流体力学中的托里拆利定律（之后被作为伯努利定律的一个特例）。

那么，安全抛物线到底是条什么样的抛物线呢（图 2.5）？

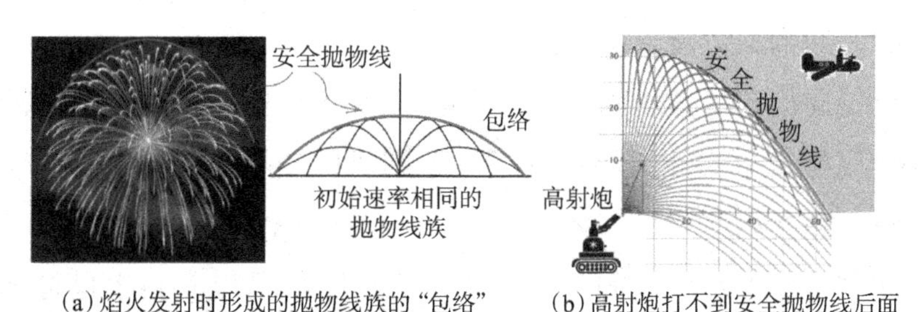

(a) 焰火发射时形成的抛物线族的“包络”　(b) 高射炮打不到安全抛物线后面

图 2.5　安全抛物线

在数学上，抛物线表示的是一种二次曲线。然而，凡是学过中学物理的人，都知道抛物线这个中文名词来源于斜抛向空中的物体所划出的轨迹。如果保持斜抛物体初速度的大小不变，但从不同的方向抛出，那么，我们就能得到许多条，也就是一族抛物线。比如，想一想当我们在观看节日焰火都时看到的情景，那时的夜空中烟火灿烂、礼花绽放，每一团焰火都绚丽夺目，犹如花团锦簇，看起来像是一团花球。但如果我们从物理和数学的角度考察一下焰火中微粒的动力学，就会发现那一团花球的形状可能更为接近抛物面。再假设这些微粒都以同样的速率往四面八方散开的话，那么，每一个焰火颗粒都将在夜空中划出一条美妙的抛物线，如图 2.5（a）所示。图 2.5（b）所表示的则是这些抛物线的一个截面，这个截面上的抛物线族的“包络”在数学上仍然是一条抛物线,这个抛物形状的“包络线”，便被叫作“安全抛物线”。所以，安全抛物线并不是物理意义上的“抛射物曲线”，而是一族此类曲线的包络。

安全抛物线在某种意义上的确是“安全”的，实际上它是安全与否的分界线。比如在图 2.5（b）中，假设高射炮射出炮弹的最大速度是一个给定的有限数值 v，那么对所有方向射出的炮弹的轨迹存在一条“安全抛物线”，在这条抛物线之外的空间中，飞机是“安全”的，炮弹不可能击中它。

仅仅使用初等数学的方法也可以求得安全抛物线的方程。然而，如果使用微积分中无穷小量的概念，则可以使用一种更为简单明了的方法（图 2.6）。

如图 2.6 所示，以固定速率 V，但不同的角度 θ 斜上抛物体的轨迹可用坐标 x、y 的抛物线方程 $f(x,y,\theta)=0$ 来表示。上抛物体方程的具体形式公式（2.1）可以由牛顿运动定律得到，这里省去推导过程。公式（2.1）中的 g 为重力加速度，是一个常数，速率 V 也是固定的，除了 x、y 分别表示函数的自变量和因变量之外，抛射角度

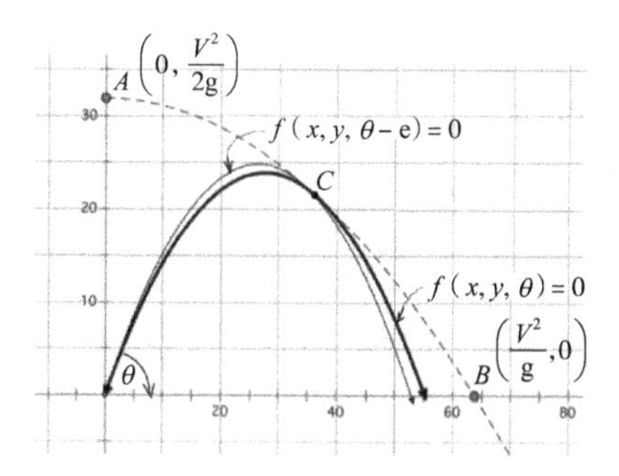

$$\begin{cases} f(x,y,\theta)=x\tan\theta-\dfrac{g}{2v^2\cos^2\theta}x^2-y=0 & (2.1)\\ \lim\limits_{g\to 0}\left[f(x,y,\theta+\varepsilon)-f(x,y,\theta)\right]=0 \Rightarrow \dfrac{\partial f}{\partial\theta}=0 & (2.2)\end{cases}$$

解出 ⬇

安全抛物线的方程：$y_{env}=\left(\dfrac{-g}{2V^2}\right)x^2+\dfrac{V^2}{2g}$　　(2.3)

图 2.6　用微积分计算安全抛物线

θ 可看作是这一族抛物线的变化参数。那么，如何才能求得这一族抛物线的“包络线”的方程呢？

考虑上述抛物线族中两条非常接近的抛物线，在图 2.6 中，它们分别用方程 $f(x,y,\ \theta)=0$ 和 $f(x,y,\ \theta+\varepsilon)=0$ 来表示。也就是说，图中粗线表示的抛物线的投射角是 θ，而细线表示的抛物线的投射角是 $\theta+\varepsilon$。两条抛物线相交于点 C，它们相差一个很小的角度 ε，表示它们非常靠近。从上述的几何图像我们可以得出一个直观的结论：一族曲线的“包络”可以看作是曲线族中无限接近的两条曲线的交点的轨迹。在给定的抛物线族的情况，交点是图中的 C 点，所以说，我们要计算的“安全抛物线”就是当参数 θ 变化时，交点 C 形成的轨迹,决定交点 C 的方程可用公式(2.2)表示。当 ε 趋近于 0 的时候，两条抛物线无限靠近，公式（2.2）实际上表示的就是函数 $f(x,y,\theta)$ 对 θ 的偏微分。然后，将公式（2.1）和（2.2）联立求解，消去参数 θ，便可得到安全抛物线的方程，如图 2.6 中公式（2.3）所示。

再进一步分析，可以从安全抛物线的方程得到这族抛物线中水平射程最大的那条抛物线。因为所有上抛物体的轨迹都被包在安全抛物线之中，所以安全抛物线的最大水平距离也就是抛物线族能够达到的最大射程，而安全抛物线的最大水平距离发生在图 2.6 中的

B 点，即 $x = V^2/g$、$y = 0$ 的点。将这个点的 x 值和 y 值代入公式（2.1）中，经过简单的运算，便可以求得 $\theta_{max} = 45°$。这时，抛出的物体达到最大射程。

安全抛物线的计算在实际生活中也能发挥作用。比如说，可以用它来估计枪炮等武器的作用范围、设定定向爆破的安全范围、战争中的防御区域，等等。

3. 数学家的绝招

伯努利家族的几位数学家当时曾经叱咤风云，但无论如何也掩盖不了大师级的瑞士数学家和物理学家欧拉的夺目光辉。

莱昂哈德·欧拉（Leonhard Euler，1707~1783 年）是约翰·伯努利的学生。尽管约翰小气到连自己的儿子都会妒忌，却早早地认识到了欧拉的数学才能。他说服了欧拉的父亲，让 16 岁的欧拉从神学转向数学，成为自己的博士生。天才欧拉在 19 岁时就完成了他的博士论文，20 岁时被丹尼尔·伯努利邀请到俄国圣彼得堡的俄国皇家科学院工作，直到 1741 年转到柏林，他一生的大部分时间都在俄国和普鲁士度过。欧拉很早就有严重的视力障碍，最后 17 年双眼完全失明，但他乐观而自信，仍然用对儿子口述的方式坚持发展他平生钟爱的数学，而且欧拉不像老师约翰·伯努利的喜争好斗，他一生仁慈且宽容。

欧拉成就斐然、著作甚丰，在数学的每个角落都能找到他的踪影。本节将叙述他在泛函变分以及微分方程理论中的先驱作用，但这些只不过是大师巨大成就中的泰山一角、沧海一粟而已。

上一节中介绍的变分法，始于 17 世纪末期雅各布对最速落径问题的解答，雅各布用了一点变分的思想，但却并未系统化，并且，

“变分法”这个名称，是欧拉在 1766 年才根据拉格朗日一封信中的命名而给出的。

约瑟夫•拉格朗日（Joseph Lagrange，1736~1813 年）是法国数学家，要比欧拉晚出生 30 年，但他和欧拉一样，是个天才少年。

上节中叙述过摆线，看起来这个被伽利略命名的摆线在当时还挺受宠的，因为好几个问题的答案都是它。摆线最原始的定义是指圆滚动时边沿一点的轨迹，后来发现最速落径是摆线后，约翰•伯努利还发现光在折射率与深度成正比的介质中的运动轨迹也是摆线，见图 2.7（a）。后来数学家对等时曲线（tautochrone）问题加以研究时，得出的答案也是摆线。

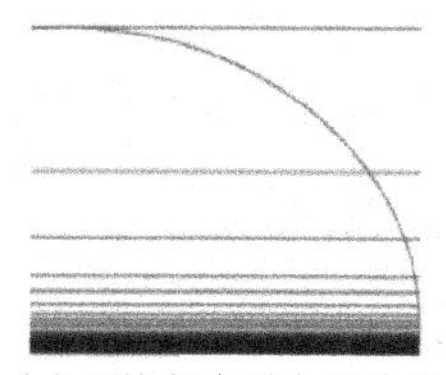

(a) 不均匀介质中的光线

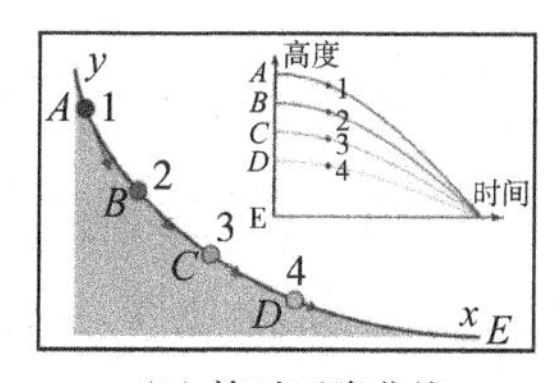

(b) 等时下降曲线

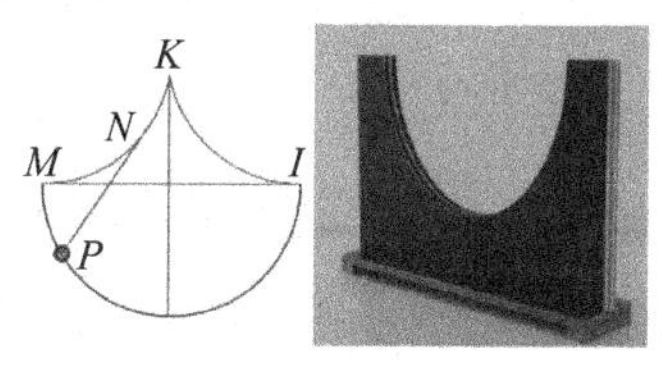

(c) 等周期的摆钟

图 2.7　各种呈摆线的情况

惠更斯（Christiaan Huygens，1629~1695 年）对这几个与摆线有关的问题都进行过深入钻研。在他的《摆钟》一书中[11]，他描述了一种周期相等的“摆”[图 2.7（c）]，这不同于一般情形中摆线伸直而长度固定的钟摆。在上述一般情形下，当摆长固定时，摆锤做的是圆周运动。中学物理中大家就学过，当摆动的振幅很小时，可以近似地将摆锤的运动当作是周期不随初始位置而变的简谐运动，但如果振幅太大就不行了。惠更斯发现，如果用某种方法，使得摆锤运动的轨迹是倒过来的“摆线”的话，如此而设计的摆钟将是等时的。也就是说，在这种曲线上，摆锤运动的周期不依赖于摆锤的初始位置。这个问题后来被等效地表述为如下的等时曲线问题。

设想一个在重力作用下无摩擦地向下滑动的小球，如图 2.7（b）所示。等时曲线是这样一种曲线：所有初始速度为 0、同时出发的小球[比如图中 2.7(b)的 A、B、C、D 各点上面分别放了小球 1、2、3、4]，无论它们起始于哪一个高度，所有的小球将同时到达曲线的最低点 E。等时曲线乍一听有点奇怪，不同位置的小球怎么会同时到达地面呢？仔细想想就容易明白了：小球的初始位置不同，正好使得它们具有不同的势能，使得小球滑下来的速度有快有慢，距离地面远的小球滑动速度快，近的小球速度慢，因此最后便可能同时到达。惠更斯证明了，这个等时曲线是存在的，与最速落径问题的答案相同，也是倒放着的摆线。

几十年之后，年轻的拉格朗日（19 岁时）又对等时曲线及等周曲线（见本章第 5 节）等变分问题产生了兴趣，并与当时已经成名的数学大师欧拉多次通信讨论有关变分及泛函分析。在欧拉的宽容和鼓励下，拉格朗日写出了他的第一篇有价值的论文《极大极小的方法研究》。之后，欧拉肯定了拉格朗日于 1760 年发表的一篇用分析方法建立变分法的代表作，并正式将此方法命名为“变分法”。

拉格朗日的功劳是完全用分析的方法解决了一般的变分问题，当初牛顿创建微积分的时候，主要考虑时间为自变量。一般来说，自变量的数目可以增多，但仍然是一个分离且有限的数目。变分法要处理的自变量却是一个变幻无穷的函数，从原始微积分的角度来看，这意味着自变量的数目无限多。该如何处理这种无限多个连续自变量的问题呢？数学家们总是有他们的绝招。我们简单地描述一下变分分析的精神所在，并由此导出变分法中基本的欧拉—拉格朗日方程。

经典的变分问题除了之前叙述过的最速落径问题、光线轨迹等

时曲线之外，还有测地线问题、等周问题、牛顿最早提出的阻力最小的旋转曲面问题，等等。这些问题都可以表示成下面的积分形式

$$J=\int_{x_1}^{x_2} f(x,y,y')\mathrm{d}x \tag{2.4}$$

公式（2.4）中的 x 是自变量，y 是 x 的函数，可以写成 $y(x)$，y' 是 $y(x)$ 对 x 的微商。因为 y 是一个函数，所以，J 便是函数的函数，即泛函。变分法提出的问题就是：对什么样的函数 y，J 将取极小（或极大）值？为叙述方便起见，我们在以后的文中只谈及“极小值”。

假设这个极值函数已经找到，用图 2.8（b）中的曲线 $y(x)$ 表示，也就是说，$y(x)$ 是我们要求的泛函问题的解，它使得公式（2.4）的泛函 J 有极小值。那么，泛函在极值附近将有些什么特点呢？为此，我们可以先看看一般函数在极值附近的特点。曲线在极值附近时，函数所对应的一阶导数为 0，也就是说，极值附近曲线的切线是水平方向的，切线水平意味着自变量变化时，函数值不变化，既不上升也不下降，变化（即函数的微分）为 0。泛函的情况也是这样，如果泛函 J 在 $y(x)$ 有极值的话，当解函数 $y(x)$ 变化时，泛函 J 几乎不变化，即变分为 0。

函数中自变量 x 的变化好说，我们用 dx 来表示其变化。比如，

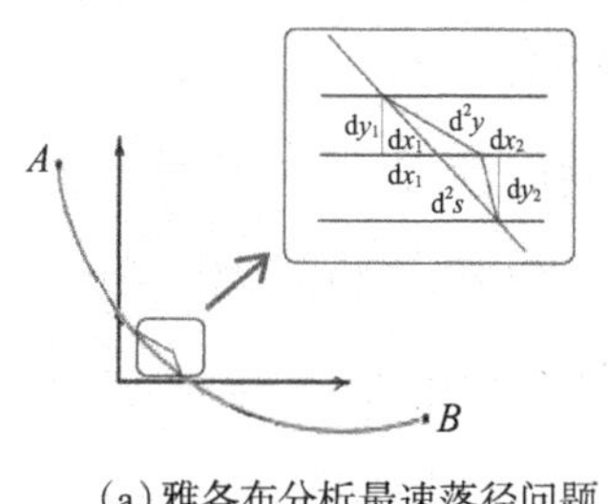

(a) 雅各布分析最速落径问题

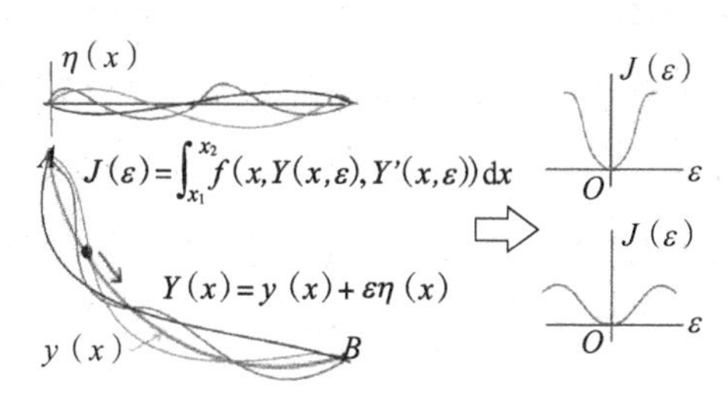

(b) 拉格朗日变分分析

图 2.8　变分法分析

如果 x 是实数，dx 便是一个很小的实数，而泛函是函数的函数，泛函的自变量是一个函数，函数可以千奇百怪地变化，在最速落径问题中唯一需要满足的条件是：A 和 B 两个端点的函数值是固定的。那么，我们如何用数学语言来表示 $y(x)$ 附近变化的各种函数呢？在拉普拉斯之前，比如雅各布，他将自变量 x 在某些位置的数值一点点变化，如图 2.8（a）所示，然后再运用直观的几何方法，加上具体问题的物理规律，从而得到函数 $y(x)$ 的变化，最后令此变化为 0 从而导出具体问题的方程。后来欧拉把雅各布求解最速落径问题的方法推广到一般的情况，将 $y(x)$ 分成若干段更小的曲线，并用求和代替公式（2.4）中的积分，得到了泛函分析中最重要的欧拉方程。但欧拉所使用的方法，万变不离其宗，仍然属于变动 x 的几何类方法。

拉普拉斯巧妙地改进了欧拉的办法[12]，如图 2.8（b）所示，所有千奇百怪的实验函数 $Y(x)$，都可以写成解函数 $y(x)$ 加上一个扰动函数之和。这个扰动函数则写成一个小实数变量 ε 与另一个任意连续函数 $\eta(x)$ 的乘积

$$Y(x)=y(x)+\varepsilon\eta(x) \tag{2.5}$$

这样做的结果就是将扰动的幅度变化和形状变化分开来了，幅度变化取决于实数变量 ε，而函数形状的变化则由函数 $\eta(x)$ 表征。对函数 $\eta(x)$ 的要求不多，它们是至少有连续的一阶导数、两个端点值为 0 的任何函数，如图 2.8（b）左上角的曲线所示。然后，将公式（2.5）代入到积分公式（2.4）的被积函数 $f(x,Y,Y')$ 中，因为公式的右边是关于 x 的积分，积分之后，表面上看起来，函数 $\eta(x)$ 消失了，积分结果 $J(\varepsilon)$ 只是 ε 的函数。但实际上，正确的说法应该是：函数 $\eta(x)$ 被吸收到了 $J(\varepsilon)$ 之中，$\eta(x)$ 不同，将会得到不同形状的

$J(\varepsilon)$。图 2.8（b）中右边的两个函数曲线便对应于不同的 $\eta(x)$ 而得到的不同 $J(\varepsilon)$。

虽然不同的 $\eta(x)$ 得到不同的 $J(\varepsilon)$，但所有的 $J(\varepsilon)$ 函数有一个共同的特点：当 $\varepsilon=0$ 的时候，函数 $J(\varepsilon)$ 的一阶导数为 0，这是函数取极值的必要条件，如图 2.8（b）右图所示，也就是说，函数 $J(\varepsilon)$ 在 0 点有极小值。这个性质可以很容易地从公式（2.5）看出来，因为当 $\varepsilon=0$ 的时候，实验函数就是该泛函问题要寻求的解 $y(x)$，这个解函数将使得 J 的变分为 0，亦即 $J(\varepsilon)$ 对 ε 的微分为 0。

以上描述的方法很巧妙地将泛函变分的问题等效地转化成了一个函数 $J(\varepsilon)$ 对一个实数变量 ε 取微分求极值的问题，将对函数的求导变成了对单变量的求导。当然，两者仍然是有所区别的，区别在于任意函数 $\eta(x)$，解决这个后续问题时玩的花招也是在这“任意”二字上。

首先，类似于解决函数极值的方法，我们需要求 $J(\varepsilon)$ 对 ε 的微分。根据微积分的基本法则，由于积分限与 ε 无关，微分符号便可以直接穿过公式（2.4）右边的积分符号而变成全微分应用到 $f(x,Y,Y')$ 上，然后再利用 $J(\varepsilon)$ 对 ε 的微分等于 0 这一点，得到一个积分为 0 的表达式。如公式（2.6）所示，这个积分的被积函数是两部分的乘积

$$\int_{x_1}^{x_2}\left[\frac{\partial f}{\partial Y}-\frac{\mathrm{d}}{\mathrm{d}x}\left(\frac{\partial f}{\partial Y'}\right)\right]\eta(x)\mathrm{d}x=0 \tag{2.6}$$

$$\frac{\mathrm{d}}{\mathrm{d}x}\frac{\partial f}{\partial Y'}-\frac{\partial f}{\partial Y}=0 \tag{2.7}$$

公式（2.6）中，被积函数的第一部分是 f 的偏微分表达式，第二部分则是任意函数 $\eta(x)$，这两部分相乘之后再积分的结果为 0。

我们知道，$\eta(x)$是一个任意函数，什么样的函数乘上一个任意函数再积分后将会使得结果总是为 0 呢？显然只有当这个函数为 0 的时候才能做到这点。如此一来，我们便得到了如公式（2.7）所示的微分方程，这就是变分法中最基本的欧拉—拉格朗日方程。

4. 弦振动问题

本书中已曾经多次提到“微分方程”这个名词，但尚未正式给出过解释或定义，其实读者大概也能顾名思义、心领神会。微分方程就是包含了自变量、函数以及函数的导数的方程，微分方程中的函数是未知的。在初等数学中有代数方程,代数方程的解是一个（或多个）常数值,而微分方程的解则是一个（或多个）满足方程的函数。从上一节可知，由变分法的原理出发而导出的欧拉—拉格朗日方程就是微分方程，而变分法的目的也是要求解未知函数，这与求解微分方程的目标是一致的。

有关微分方程，我们将在第 3 章中通过几个有趣的实例作更多的探讨。在这一节中仅就弦振动问题涉及的微分方程作一个简单介绍。

18 世纪是西方音乐史中的古典主义时期，那个时代的大多数数学家和物理学家也喜欢音乐，对音乐的爱好促成了他们对弦线振动规律的研究。琴弦为什么能发出各种各样美妙动听的声音？音乐的声音是如何在琴弦上和空间中传播的？琴弦的振动又是怎样传播的？当时的好几位数学家都对弦振动问题做出过贡献，达朗贝尔于 1747 年向柏林科学院提交的论文《弦振动形成曲线的研究》[13]被视为此领域的经典。

法国人达朗贝尔（Jean le Rond d'Alembert，1717~1783 年）有一个悲惨的身世。他是一位军官和法国女作家、当时颇为著名的沙龙女主人唐森的私生子，出生后数天便被母亲遗弃在教堂的台阶上，所以被以教堂的名字命名。后来，达朗贝尔的生父安排一个玻璃工人的家庭收养了他，并一直暗中资助，给予抚养费，以便使达朗贝尔从小能受到良好的教育。

达朗贝尔兴趣广泛，除了数学和物理之外，还研究过心理学、哲学及音乐理论，并都有所建树。后来，达朗贝尔致力于编纂法国的《百科全书》，他是法国百科全书派的主要首领。尽管达朗贝尔对科学的许多方面都做了杰出贡献，但因为他生前反对宗教，死后巴黎市政府拒绝为他举行葬礼。

弦线的运动不同于当时研究得最多的牛顿经典力学中单个粒子的运动轨迹，而是要研究一条弦线上所有（无穷多个）质点的运动轨迹。所幸当时已经有了微积分的概念，因而可以抽象地把一条弦想象成由很多段极微小的部分组成，如图 2.9（a）所示，这些部分的 x 位置各不相同。运动时，每个 x 位置不同的一小段弦线的高度 U 随时间变化的规律也不一样，因此，整条一维弦线的运动可以用一个两个变量的函数 $U(x, t)$ 来描述。

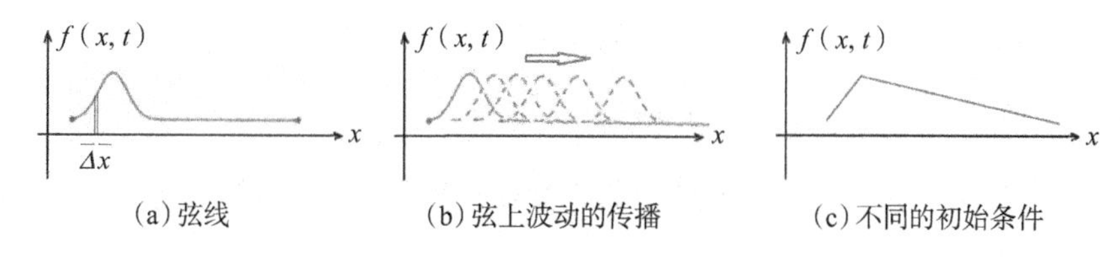

(a) 弦线　　(b) 弦上波动的传播　　(c) 不同的初始条件

图 2.9　一条弦上所有质点的运动轨迹

1727 年，英国数学家布鲁克•泰勒和约翰•伯努利都分别得到了弦振动的方程，也就是一维的波动方程

$$U_{tt} - \alpha^2 U_{xx} = 0 \qquad (2.8)$$

这里 U_{tt} 和 U_{xx} 分别表示 U 对 t 的二阶偏微分和 U 对 x 的二阶偏微分。

弦振动方程中包含了未知函数对两个自变量的微分：U 对 t 的微分以及 U 对 x 的微分，因而，它是一个偏微分方程。

1747 年，达朗贝尔给出了弦振动方程（2.8）的通解

$$U = \phi(x + \alpha t) + \Psi(x - \alpha t) \tag{2.9}$$

所谓通解，就是说实际解有无穷多个，必须由一些附加条件（初始条件和边界条件）来决定具体物理问题的具体解。

公式（2.9）后来被称为达朗贝尔解，其中的 ϕ,Ψ 为任意函数，而 $\phi(x+\alpha t)$ 和 $\Psi(x-\alpha t)$ 分别代表沿 $-x$ 方向和沿 $+x$ 方向以速度 α 传播的波。函数 ϕ,Ψ 的具体形式可以由振动的初始条件决定。比如，对乐器上的弦来说，初始条件就是演奏者拨动琴弦的方式。对同样的弦乐器，用薄片拨动和用弓在弦上拉动，效果是不一样的，这是因为两种方法给出了两种不同的初始条件［图 2.9（c）］，初始扰动沿着琴弦传播［图 2.9（b）］，使人听起来便有了声音不同的感觉。

我们在日常生活中对波动的传播早有体会，“一石激起千层浪”描述的是水波的传递。振动在琴弦上的传播类似于在一根绳子上传递的扰动：当我们用力上下抖动一条一头固定的绳子，就会发现在绳子上形成一个又一个向前传播的波，抖得越快波就越密，也会传得越快。

继达朗贝尔得出弦振动方程的通解之后，欧拉在 1749 年考虑了当弦线的初始形状为正弦级数时的特解，就是正弦级数的叠加。1753 年，丹尼尔·伯努利在欧拉结果的基础上，对此提出一个新观点，他猜测弦线的任何初始形状都可以表示成正弦级数，因而弦振

动所有的解都可以用正弦周期函数的线性组合来表示。现在看来，这就是傅立叶变换的思想，但当时这个观点却遭到欧拉和达朗贝尔的强烈反对，在数学家中引起了激烈的争论。

1759年，拉格朗日也对谐波叠加表示信号的想法提出强烈反对，他认为这种方法没多大用处，他的理由是：要知道实际信号并不像绳子和琴弦，信号是会中断的，就好比正在演奏时突然断了的一根弦。拉格朗日说："你怎么用三角函数来分析断了的弦呢？"

"长江后浪推前浪"，又过了差不多50年，拉格朗日的学生傅里叶登场了。

现在回顾起来，微积分创立之后的18、19世纪的欧洲数学界的确群雄聚集，热闹非凡。在微积分的两位祖师爷牛顿和莱布尼茨当初吵得不可开交的时代里，牛顿的威望不可一世，但在微积分理论被完善发展的年代，却大多数都是莱布尼茨的门徒们的功劳，如前面我们叙述过的约翰•伯努利和雅各布•伯努利，他俩都是莱布尼茨的学生。后来的欧拉、丹尼尔•伯努利以及法国的达朗贝尔、拉格朗日、拉普拉斯、傅里叶……都是莱布尼茨一脉相承的后继之人。相形之下，牛顿很有出息的门徒甚少，颇似孤家寡人，见图2.10。

为何莱布尼茨一派桃李芬芳，牛顿旗下却后继无人呢？其原因一方面与英国的保守观念有关，另一方面也与两位大师的学术风格相关。英国一派坚持牛顿所用的几何方法，甚至坚持使用牛顿"流数术"的表达方式，大有故步自封的味道，而莱布尼茨一派则朝分析的方向大步向前发展。几何方法虽然直观易懂，发展毕竟缓慢且有限。由莱布尼茨创立，欧拉、拉格朗日等发展的分析学（analysis）促成当时非英国派数学家做出了不少开拓性的贡献。所以，要学好数学和物理，不能只靠几何和直观，分析还是要学，但数学公式也

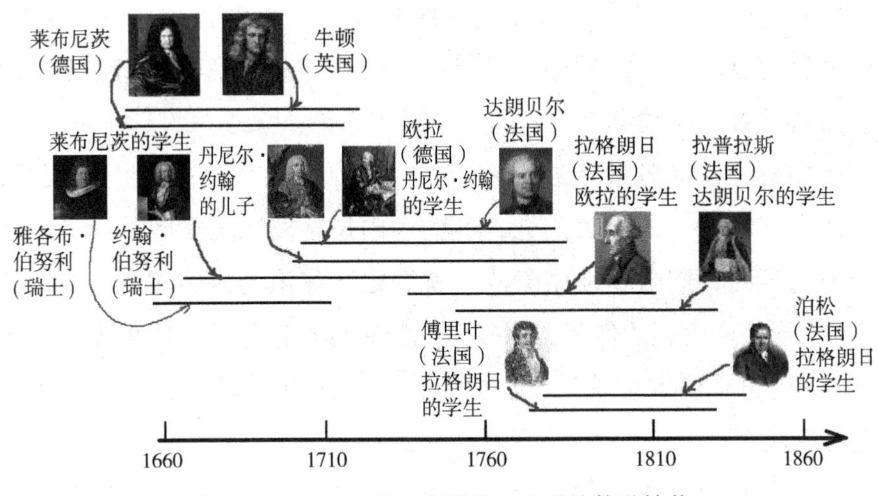

图 2.10　17~19 世纪欧洲几个主要的数学精英

是少不了的。

17~19 世纪有名的数学家中，不少是法国人，法国是一个注重数理演绎、具有数理科学传统的国家。约瑟夫 • 傅里叶（Joseph Fourier，1768~1830 年）也是法国数学家。他出身贫民，9 岁时父母双亡，由教会提供他到军校就读，在学校里傅里叶表现出对数学的特别兴趣和天分，但法国大革命中断了他的学业。大革命中，傅里叶曾经热衷于地方行政事务，也曾经跟随拿破仑远征埃及，后来被拿破仑授予男爵称号。几经仕途沉浮之后，傅里叶最后于 1815 年，在拿破仑王朝的尾期，辞去了爵位和官职，返回巴黎全心全意地投入数学研究中。

不过，傅里叶的最重要成果——广为人知的傅立叶级数和傅立叶变换，是他在大革命期间从政当官时业余完成的。他当时热衷于热力学的研究，为了表示物体的温度分布，他提出任何周期函数都可以用与基频具有谐波关系的正弦函数来表示。现在我们得知，这个结论不是十分正确的，他的学生狄利克雷后来对此结论进行修正，并给出了完整的证明。狄利克雷将"任何周期函数"修正为"满足狄利克雷条件的周期函数"，即有限区间上只有有限个间断点的函数。1807 年，傅立叶就他的热力学研究成果向法国科学院呈交了一篇长长的论文，但这篇文章因遭到当时几个数学权威的反对而未曾发表，特别是拉格朗日，仍然坚持他 50 年前的观点。傅立叶将文章改了又改，最后得以发表，并成就了《热的解析理论》这部划时代的著作[14]。

刚才还说过莱布尼茨底下人才济济，牛顿则比之不足。不过，傅立叶的工作对英国人格林（Green George，1793~1841 年）的影响很大，格林把数学分析应用到静电场和静磁场现象的研究中。之后又有哈密顿（William Rowan Hamilton，1805~1865 年）、斯托克斯（George Gabriel Stokes，1819~1903 年）、威廉 • 汤姆孙（William Thomson，1824~1907 年）等科学家的出现，剑桥学派的崛起为英国人争了一口气，扳回了战局。

5. 狄多女王的智慧

我们再回到经典变分问题，补充介绍一个著名的例子：等周问题（Isoperimetric inequality）。

等周问题来源于公元前 200 多年的古希腊，据说狄多（Dido）女王因为智慧地解决了这个问题而建立了迦太基城。问题听起来挺简单的：给你一条长度固定的绳子，如何用它在平面上围出一块最大的面积？人们很容易直观地得出问题的答案是一个圆，如同两千多年前的狄多女王的直觉一样，好像也不需要很多智慧。但是，要真正从数学上严格证明这个问题却不那么容易，一直到 19 世纪

（1838 年）才被雅各•史坦纳（Jacob Stainer, 1617~1683 年）用几何方法证明[15]。

图 2.11 所示的几个图形可以对等周问题的答案进行一个简单而直观的几何解释：(a) 图表明，解曲线一定是处处“凸”的。因为如果某处凹下去了的话，便可以用与图（a）类似的方法将凹处边缘对称翻转到虚线的位置而变“凸”，却仍然保持同样的周长，以便得到更大的面积；(b) 图说明，在固定周长的情形下，图形越对称，面积越大；(c) 图则表明，正方形不可能是等周长图形中面积最大的，因为我们可以将方形的一个角剪去再拼到一条边上，这样做之后得到的图形与原来的方形具有相同的面积和周长但却不是完全“凸”的，所以面积不是最大。从以上 3 个直观理解可以得出如下结论：等周长且围成最大面积的那个图形，应该是“最凸”和“最对称”的。那么，基于直观感觉，符合这两个要求的，非圆莫属。

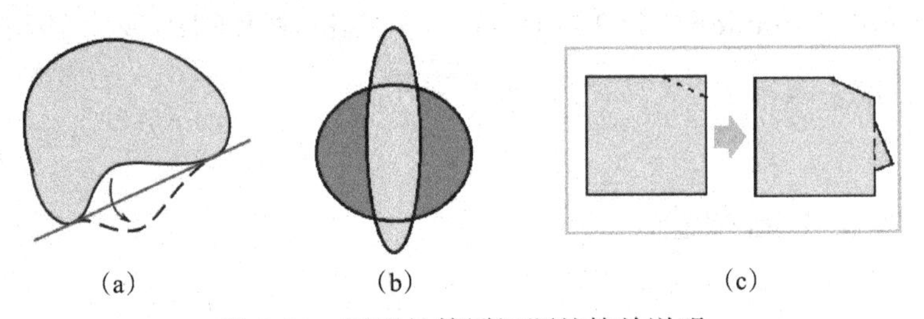

图 2.11　圆形是等周问题的简单说明

我们感兴趣的是从变分法的角度来分析解决这个问题。这个问题与前面所述的几个变分法例子的不同之处是除了需要求泛函的极值（围成的面积最大）之外，还包含了一个较为复杂的约束条件：图形的周长不变。

1776 年，年轻的拉格朗日提出了拉氏乘子法，用以解决带约束条件的极值问题，被欧拉称赞为“这应该是不论怎样赞美也不过分的贡献”[16]。

如何将平面上的等周问题用数学公式来描述？可以假设问题中平面上的一条闭合曲线用参数方程 $x(t)$ 和 $y(t)$ 表示。这样，曲线所围成的面积 A 和周长 L 就可以分别用积分式表示为

$$A=\int_{t_1}^{t_2} f(x,y)\mathrm{d}t \tag{2.10}$$

$$L=\int_{t_1}^{t_2} g(x,y)\mathrm{d}t \tag{2.11}$$

等周问题要决的是要找到 $x(t)$ 和 $y(t)$ 满足的方程，使得在周长固定的条件下（$L=C$），面积 A 最大。

为了解决上述的平面等周问题，我们将首先介绍两个预备知识：一是为了求出曲线 $(x(t),y(t))$ 所包围的面积而需要使用的格林定理（Green Theorem），第二个便是当年受到欧拉高度评价的拉氏乘子法。

a）格林定理

牛顿和莱布尼茨对微积分贡献的精华是“微积分的基本定理”，如公式（2.12）所示，这个定理将互逆的微分和积分关联起来。

$$\text{微积分基本定理：}\quad \int_a^b F'(x)\mathrm{d}x = F(b)-F(a) \tag{2.12}$$

$$\text{格林定理：}\quad \iint_D\left(\frac{\partial Q}{\partial x}-\frac{\partial P}{\partial y}\right)\mathrm{d}A = \oint_C P\mathrm{d}x+Q\mathrm{d}y \tag{2.13}$$

“微积分的基本定理”说的是什么呢？仔细看看公式（2.12），如果用语言来叙述它，说起来有点拗口：一个函数 $F(x)$ 的微分的积

分，等于它的边界值 $F(a)$ 和 $F(b)$ 之差。这是什么呀，微分又积分，不就什么也没干吗？这和原来的函数有关。不过，其实右边的结果并不完全是原来的未知函数 $F(x)$，而是被表示成了原函数的边界值。因此，换个说法，我们也可以如此来叙述公式（2.12）：一个变量在一段期间中的无穷小变化之和等于变量从始到终的净变化。也许有人会耸耸肩膀，认为刚才说的都是废话，我们是学科学的，学物理的，不喜欢咬文嚼字，你干脆说说这“微积分的基本定理”有什么用处吧！

在本章的第1节最开始介绍微积分时谈到了“微分”更符合动态和变量的观念，“积分”是更静态的。当微积分理论被建立起来之后，人们发现这个“工具”的最大优势是求积分。大家从学习经验中也能体会到：绝大多数函数的微分都不难得到，绝大多数函数的积分计算却都不容易。在很多时候，“微积分的基本定理”能够帮助我们计算这些困难的积分。

还要再一次将“微积分的基本定理”换一个说法，也可以这么说：公式（2.12）是将一个1维的积分转换成了边界上0维的积分。所以说，“微积分的基本定理”的精神也可以理解为将积分的维数降低了1阶，或许这就是用它能简化积分计算的关键所在。既然如此，我们经常会碰到多变量（例如2维）的困难积分，那么，有没有什么定理，能把平面上的2维积分转换成1维边界上的积分呢？答案是肯定的，这就是格林定理，见上面的公式（2.13）。因此，可以说格林定理的实质就是微积分基本定理在2维中的推广。

实际上，格林定理在物理中有多种表述方式：斯托克斯定理、散度定理、高斯定理……其实这些都可以说是同一个概念的不同名称而已，也许应用的环境和空间维数稍有不同，但它们表达的内在精神是一致的。

理解数学公式的“精神”所在很重要。现在，该轮到我们研究公式（2.13）及图 2.12 的精神了，首先看看公式（2.13）：它的左边是一个在面积 D 上的二重积分，右边则是一个沿着 D 的边界 C 进行的线积分。也就是说，这个式子将一个二重积分与比之低一维的线积分联系了起来。一个对面积的积分怎么就变成了一个边界上的线积分呢？如果结合一些物理知识，我们可以更容易理解。事实上，格林是在研究静电场和静磁场等物理问题时得到的格林定理，这个定理也能很方便地被用于流体力学的研究中。在电磁场或流体力学的具体物理情况下，函数 $P(x,y)$ 和 $Q(x,y)$ 可以看作是某个力的分量，而格林定理也就可以用力场的性质来描述。比如说，在力场的矢量分析中，我们可以定义矢量场的旋度和散度等概念。如此一来，我们便可以把这些符号写进格林定理中而使它改头换面成另一种更符合某种物理内容的模样，比如散度定理。如图 2.12 右图所示，力场对面积的积分可以看作是许多无限小的圆圈线积分之和，当这些小圈线积分相加时，区域内部各个小圈积分的邻近部分因为积分方向相反而互相抵消了，最后便只剩下了边缘部分的积分（图 2.12 左图）。

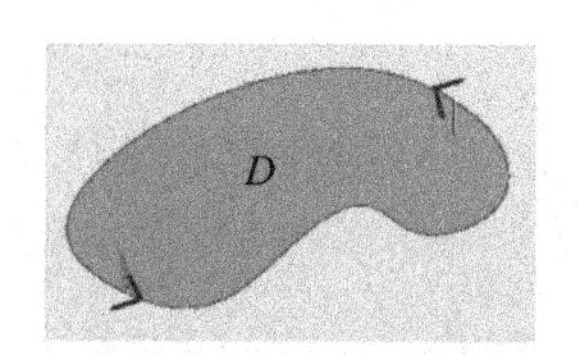

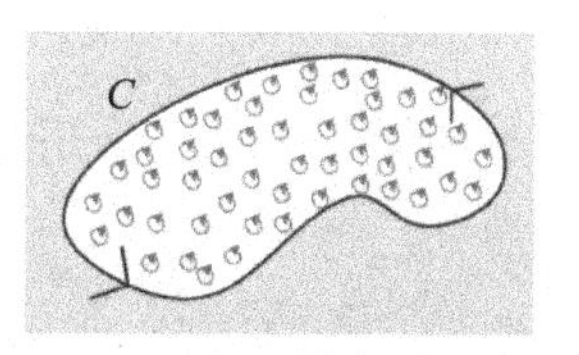

图 2.12　格林定理是二维的斯托克斯定理

格林定理在物理中有广泛的应用。不过，我们使用格林定理的目的不是为了解决电磁场或流体力学的问题，而只是用它求曲线的面积，这只需要令公式（2.13）中的函数 $Q=x/2$，$P=-y/2$ 就可以了。

如此而得到了等周问题面积的表达式（2.10）中的被积函数

$f(x,y) = 1/2(xy' - yx')$。另外，周长表达式（2.11）中的被积函数 $g(x,y) = \mathrm{sqrt}((x')^2 + (y')^2)$。

b）拉氏乘子法

从历史上看，拉格朗日当年用“拉氏乘子法”是为了解决更为困难的变分问题，但这个方法后来在解决带约束条件的一般函数极值问题中发挥了很大的作用。为了更好地理解拉氏乘子法，我们先从更简单的函数极值问题开始叙述。

首先举两个带约束条件函数极值问题的例子。图 2.13（a）所示的小狗就面对着爬到高处的极值问题：爬得越高，才能吃到越多的食物。如果小狗是自由的，它当然希望爬到山顶的最高点，这是无约束条件的极值问题，“自由”意味着小狗没有约束。但是，如果小狗被主人拴在了大柱子上，它的行动便受到了绳子长度的约束，因此它可能爬不到山顶,而只能爬到一定的高度。在图 2.13（a）中，虚曲线表示山坡不同高度的等高线，实线圆圈则对应于绳子给小狗的约束方程，与实线相切的那条虚线的高度，就是小狗能爬到的最大高度。

图 2.13（b）所示的是一个在企业中常常会碰到的最小花费问题。

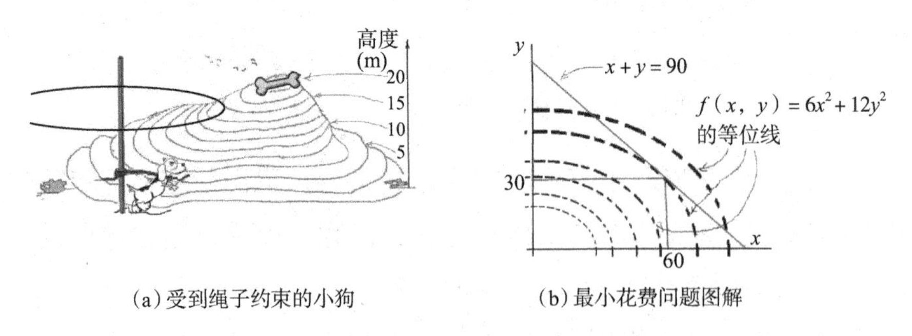

(a) 受到绳子约束的小狗　　(b) 最小花费问题图解

图 2.13　带约束条件函数极值问题的例子

比如，某公司某月要用两家不同的工厂 A 和 B 来生产 90 台平板电脑。这两家工厂生产不同数目（n 台）电脑所给出的价格 $J(n)$ 不是简单的线性关系。比如说，A 厂给出生产 n 台电脑的价格 $J_A(n)=6n^2$，而 B 厂生产 n 台电脑的价格为 $J_B(n)=12n^2$。

问题是，如何将生产 90 台平板电脑的任务分配给两个工厂，才能达到花费最少的目的？

现在，我们将上面的任务抽象成数学问题。我们仍然用处理变分时所用的 $f(x,y)$ 和 $g(x,y)$ 来表示极值函数和约束条件，但是，需要注意的一点是：在变分问题中（公式 2.10 和 2.11），它们不直接欲求极值的函数和约束条件本身，而是积分号内的被积函数，积分之后的面积 A 及周长 L 才是目标函数和约束条件。而在函数最优化问题中，$f(x,y)$ 和 $g(x,y)$ 本身就是目标函数和约束条件。

如图 2.13（b）所示的例子，如果该公司请 A 厂和 B 厂生产的电脑数目分别是 x 和 y，那么，所需要的总费用则可以表示成 x、y 的函数，即目标函数 $f(x,y)=6x^2+12y^2$。所需电脑的总数目是固定的 90 台，因而约束条件为 $g(x,y)=x+y-90=0$。这样，问题可以重新被叙述为：在满足 $g(x,y)=0$（90 台）的条件下，求花费 $f(x,y)$ 的最小值。

如何用“拉氏乘子法”解决这个问题呢？拉格朗日的妙招是引进一个“乘子 λ”，然后将约束条件和目标函数两个方程合并成一个方程，也就是说，产生一个没有约束条件的新的目标函数 F

$$F(x,y,\lambda)=f(x,y)-\lambda g(x,y)=6x^2+12y^2-\lambda(x+y-90)$$

因为 $F(x,y,\lambda)$ 没有任何条件，可以用一般函数求极值的方法，即分别令 F 对 3 个变量的偏微分为 0。这样，就可以得到 3 个方程，从而能解出：当 $x=60$，$y=30$，$\lambda=720$ 时，$F(x,y,\lambda)$ 有极小值 32400。换句话说，生产 90 台平板电脑的最小花费是 32400 元，分配方案是 A 厂生产 60 台，B 厂生产 30 台。

从图 2.13（b）可以更好地理解这个例子。图中的实线直线代表约束条件，它与目标函数的某一条等位线相切的那个点，便是问题的解。

拉氏乘子 λ 在不同的具体问题中有其不同的物理意义。我们稍微解释一下这个例子中拉氏乘子 λ 的意义，它是在约束条件改变时，目标函数变化的最大增长率。换言之，当问题中需要生产的电脑数目不是 90 台而是 91 台（或 89 台）的时候，花费的最大变化是从 32400 元增加 720 元或者减少 720 元。

这个例子中的约束条件只有一个，但应用拉氏乘子法时，约束条件的数目可以扩展到更多。总之，拉氏乘子法的实质就是对 n 个约束条件引进 n 个乘子，产生新的不带任何约束条件的目标函数，从而将带约束的极值问题转换成不附加任何条件的极值问题。

c）等周问题[17]

对变分法中的等周问题，也是引入同样的拉氏乘子 λ，将问题转换成不带约束条件的 F 的变分问题

$$A=\int_{t_1}^{t_2} f(x,y)\mathrm{d}t=\int_{t_1}^{t_2}\frac{1}{2}(x\dot{y}-y\dot{x})\mathrm{d}t \tag{2.14}$$

$$L=\int_{t_1}^{t_2} g(x,y)\mathrm{d}t=\int_{t_1}^{t_2}\sqrt{(\dot{x})^2+(\dot{y})^2}\,\mathrm{d}t \tag{2.15}$$

$$F=\int_{t_1}^{t_2}\left[\frac{1}{2}(x\dot{y}-y\dot{x})-\lambda\sqrt{(\dot{x})^2+(\dot{y})^2}\right]\mathrm{d}t \tag{2.16}$$

这里的 $\dot{x}$，$\dot{y}$ 表示 x、y 对 t 的微分。

最后得到无条件的泛函 F 的欧拉—拉格朗日方程，解出 $x(t)$ 和 $y(t)$ 后可知，它们所满足的方程是一个圆，这个问题中的拉氏乘子 λ 则是所得圆的曲率半径。另外，从微分方程求解 $x(t)$、$y(t)$ 时所得到的 2 个任意常数则确定了圆心所在的位置。

6. 上帝也懂经济学吗?

人类总是以自己是高等智慧生物而自傲，这是理所当然的，因为在地球上只有人类才具有高级思维的能力。人类懂科学，会各种计算，现代社会以经济结构为主导，无论是国家、社团、企业乃至个人，都讲究方法，追求效益，企图用最少的成本办最多的事情。有趣的是，这和我们前面几节中所讨论的从变分法中寻求泛函极值的目标有异曲同工之妙。

科学的目的是揭示大自然的秘密、造物主的秘密或者把它干脆叫作：上帝的秘密。当爱因斯坦被问及他研究物理的动机时，他回答道："我想要知道上帝是如何创造世界的。"科学无法证实上帝的存在或不存在，但许多科学家将自然视为上帝之化身，他们口中的上帝经常指的是大自然。大自然中展现出来的一些奇妙现象、鬼斧神工，的确常常令人瞠目结舌，不得不佩服大自然上帝的伟大。当物理学家们探索物理规律时，也会有这种感触，因为他们发现大自然似乎是用"极值"的方式创造了世界，创造了物理规律。比如，前面介绍过的悬挂链条，为什么会呈现那种特别的悬链线形状呢？是因为这样会使得链条的重心最低、最稳当；光线为什么会在界面发生折射呢？是因为它选择了时间最短的路径，能最快到达目标点；肥皂泡为什么是球形呢？因为要包围住同样的体积，球形的表面积最小，这是最节约肥皂水的方案。当然，如果还要“为什么”“为什么”地继续追问下去，最后便无人能回答了。

总之，造物主似乎也喜欢“极值”，难道上帝也懂得经济学？也会泛函分析？它按照某种“花费”最小的方式设计了物理定律，创造出了这个世界。物理学家们，正如爱因斯坦所期望的那样，窥探到了那么一点点上帝创造世界的秘密，高兴得心花怒放，将其称之为“最小作用量原理”。

人们最早认识到的大自然的“极值”秘密是光线的直线路径。对人类的发展来说，恐怕没有什么别的东西能与“光”相比较。有了光，才产生了地球上的一切，其中包括人类自身。我们是如此的熟悉光、依赖光、赞美光、崇拜光。光是我们最早认识又是我们最感神秘的事物，对它的认识和探索贯穿了整个物理学史，它一次又一次地使我们迷惑，又一次一次地带给我们惊喜，但至今我们仍旧不能说完全了解了它的本质。公元前 2 世纪，埃及人 Hero 就提出光线按两点间最短距离传播的设想，后来的费马原理将此矫正为光线按时间最短的路径传播 [图 2.14（a）]，从而奠定了整个几何光学的基础。

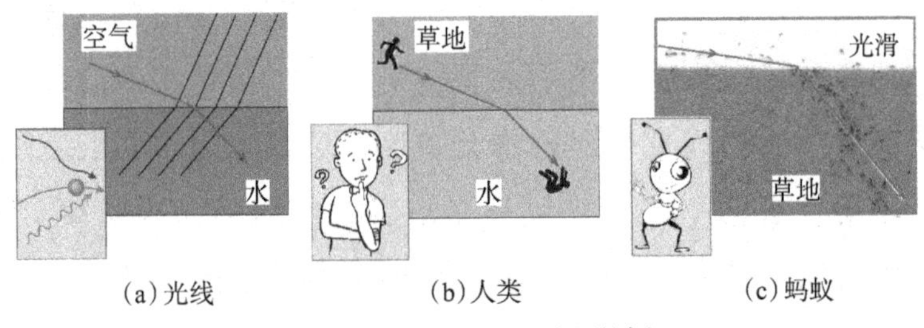

（a）光线　（b）人类　（c）蚂蚁

图 2.14　时间最短原理举例

为了争取“最快地到达某一点”，自然界中的此类例子不仅仅限于光。比如，图2.14（b）中画的是我们日常生活中可能碰到的情况：一个小孩掉进了河里，怎么样才能以最快的速度到达孩子溺水的地点呢？答案是与光线的折射规律相似。更为奇妙的是，有人研究过蚂蚁的觅食路线，作为群体行为，如图2.14（c），蚂蚁到某个固定食物目标的路线居然也由折射规律所决定[18]。在图2.14（b）中，如果人能够大概估计出自己在草地上跑步的速度 V^A 以及在水中游泳的速度 V^B 的话，他便可以计算出应该走的最佳路线。比如，假设 $V^A > V^B$，救援者就应该尽可能地延长跑在草地上的距离而缩短水中的路程，以此达到最快救人的目的。人虽然是智慧生物，尚且需要复杂的计算才能得到正确的路线。那么，低智慧的蚂蚁还有与智慧沾不上边的光线，是如何做到这点的呢？难道它们具有某种“人性”，能预知地选择对它最有利的途径？这些现象的确让人迷惑不已，无法解释，只能惊叹造物主的神奇。

莱布尼茨很早（1682年）就试图从数学和物理的概念来研究自然界的“极值”。之后科学家们经过更深入的研究发现，大自然的确遵循某种“极值”的原则，但并不一定是“时间最短”。后来，科学家们将此概念推广为“最小作用量原理”，这个原理由法国数学家、物理学家皮埃尔•莫佩尔蒂（Pierre Maupertuis，1698~1759年）于1744年首次提出[19, 20, 21]。莫佩尔蒂也是约翰•伯努利的学生，约翰在传承学术、培养后人方面功劳不小，至少培养了欧拉和莫佩尔蒂。莫佩尔蒂当时的设想既基于物理学，也多少包含了美学和神学的考虑。他认为在冥冥中存在一个支配一切物理规律的原理，那就是“最小作用量原理”。但实际上，物理规律中的“作用量”并不总是表现为最小，也可能最大，也可能是稳定值。因此现在看来，它应该被叫作“极值原理”。自然规律让作用量取极值，但作用量到底是什么当时却无人知道，为此，莫佩尔蒂宣称［图 2.15（b）］：

> “作用量是质量、速度和路径的乘积的总和，自然规律就是要使这种总和尽可能地小。”

莫佩尔蒂的思想给“最小作用量原理”的发展以极大的推动作用。然而，在物理学中到底应该如何正确地定义作用量？这个问题直到欧拉、达朗贝尔及拉格朗日发展了变分法之后才得以解决。

作用量的定义

$$S=\int_{p_1}^{p_2} n\mathrm{d}s \qquad S=\int_{p_1}^{p_2} mv\mathrm{d}s \qquad S=\int_{t_1}^{t_2}(T-V)\,\mathrm{d}t=\int_{t_1}^{t_2}\left(\frac{1}{2}mv^2-V(t)\right)\mathrm{d}t$$

(a)几何光学 (b)莫佩尔蒂 (c)哈密顿力学

图 2.15 作用量的定义

费马原理可以看成是光学中的“最小作用量原理”，见图 2.15（a），通过寻求光线路径极值的方法能导出整个几何光学。在力学中已经有了牛顿定律，但牛顿定律是根据实验事实总结出来的。既然我们知道造物主是按照作用量的极值来构建世界的，那么，能否在力学中找出作用量的某种表达式，通过求作用量的极值而推导出整个牛顿力学呢？

前面几节中叙述的变分法给予了实现上述猜测的可能性。因为变分法解决的就是极值问题，并且变分法能得到欧拉—拉格朗日方程。如果我们选取一个正确的被积函数，使得最后导出的欧拉—拉格朗日方程与牛顿定律等效，我们的目的不就达到了吗？

这样的被积函数果然存在，它被称之为拉格朗日量。在单个粒子的动力学中，拉格朗日量可以表示为这个粒子的动能减去势能，如图 2.15（c）所示。现在，我们可以应用欧拉—拉格朗日方程到拉格朗日量 L，最后得到牛顿第二定律。

欧拉—拉格朗日方程 $\frac{\mathrm{d}}{\mathrm{d}t}\frac{\partial L}{\partial \dot{x}}-\frac{\partial L}{\partial x}=0$

⇩

拉格朗日函数 $L=T-V=\frac{1}{2}mv^2-V(t)=\frac{1}{2}m\dot{x}^2-V(x)$

⇩ $\frac{\mathrm{d}}{\mathrm{d}t}\frac{\partial L}{\partial \dot{x}}=m\ddot{x},\quad \frac{\partial L}{\partial x}=-\frac{\partial y(x)}{\partial x}=F$

得到牛顿定律 $m\ddot{x}=F$

有了拉格朗日量 L 的表达式，作用量便是 L 对时间 t 的积分。因此，在经典力学中，“最小作用量原理”可以表述为：一个作经典运动的粒子，其实际运动所遵循的规律是要使得它的动能和势能之差的平均值为极值。如果造物主真的总是选取“花费最小”的方法的话，一个经典粒子作运动的花费，就表现为平均动能和平均势能之差，“花费最小”似乎意味着动能和势能尽量少的互相转换。看来上帝也偷懒，不愿意将能量的各种形式转换来转换去。

7. 美丽的对称

哈密顿等人当时将作用量中的被积函数表示为动能减去势能，多少有些猜测的成分。到底应该如何定义一个物理系统，更广而言之，该如何定义一个自然系统的作用量呢？这一直是摆在科学家面前的难题，直到后来“诺特定理”揭示出作用量与对称及守恒之间的关系，此问题才有了一点眉目。

“最小作用量原理”表现了自然规律的内在美，如果谈到自然界的外在美，那是与对称性密切相关的。

瞬息万变的自然界隐藏着丰富多彩的数学原理和力学规律，如物体的构形、动物的运动和气候的变化等。自然界中的万事万物都有千奇百怪的结构和形态，其背后像是有一只看不见的手在操纵控制，这就是数学中的对称性和力学过程中的和谐与一致性。

“对称”是指图形的各个部分在大小、形状和排列上具有某种对应的关系；在日常生活中和艺术作品中，“对称”有更多的含义：如平衡、比例、和谐之意。

对称的事物比比皆是：动物及人体左右对称，树叶及花草的图案对称，还有五重对称的海星、六重对称的雪花、太阳系的组成、星体的转动……都体现了某种对称。由于对称性是几何图形的基本特征，美丽的对称图形或图案在现实生活中无处不在，包括轴对称、中心对称、平移对称、旋转对称和镜面对称等多种形式，见图 2.16。大自然中各种迷人的对称图案让我们感受、欣赏到图形的和谐之美、匀称之美；在建筑艺术作品中使用对称能给人以优美、庄重的感觉。对称给人以享受，激发人无比的想象力和创造性以及了解大自然的愿望与兴趣。

当然，对称中又潜藏着不对称，对称无处不在、不对称也无处

(a) 左右对称的建筑物

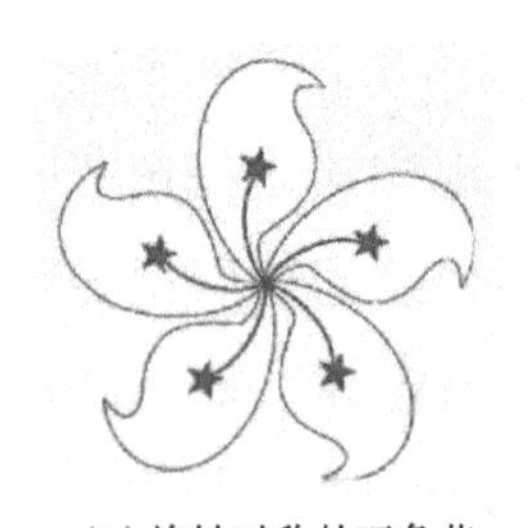

(b) 旋转对称的五角花

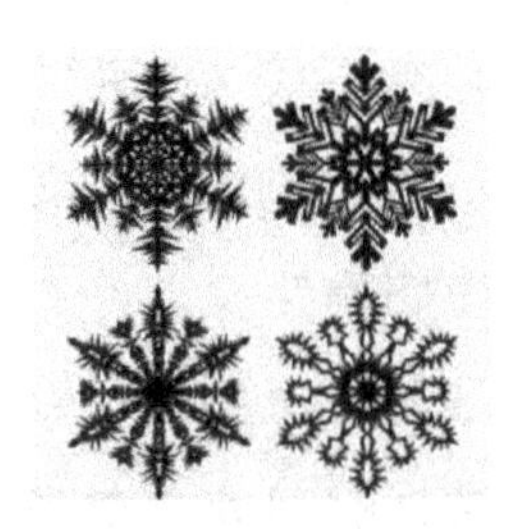

(c) 六角对称的雪花

图 2.16　无处不在的对称

不在。对称使得万物和谐、均衡，对称中的不对称又给事物注入生动变化的灵气。

除了具体事物表现出对称之外，物理规律也有其对称性，无论是万物形态上的对称还是科学定律的对称，数学家们都将它们抽象为数学模型，改换成他们喜欢的语言来描述。简略地说，对称就是在某种变换下的某种不变性。这话听起来有点像物理学中经常碰到的“守恒”的概念。的确是这样，守恒可以被包含在对称之中。“守恒”的意思是不随时间而变化，“对称”则是将这个概念推广到任何参数。对称性、守恒定律以及本节所述的“最小作用量”原理，三者有着它们深刻的内在联系。

第一个从数学上（或物理上）阐明这种联系的，是德国著名女数学家埃米·诺特（Emmy Noether，1882~1935 年）。

爱因斯坦高度赞扬诺特为“最杰出的女数学家”，即使是除去这个“女”字，诺特在当时的数学界也当之无愧。1918 年，诺特在题为《变分问题的不变量》的论文中提出著名的“诺特定理”[22]，揭示出连续对称性与守恒定律之间的联系。图 2.17 中的几个简单公式

$$\frac{\mathrm{d}L}{\mathrm{d}s}=0$$

$$\frac{\mathrm{d}}{\mathrm{d}t}\left[\frac{\partial L}{\partial \dot{x}}\frac{\mathrm{d}x}{\mathrm{d}s}\right]=0$$

$$\mathrm{C}=\frac{\partial L}{\partial \dot{x}}\frac{\mathrm{d}x}{\mathrm{d}s}=\text{常数}$$

图 2.17　诺特定理

大致表达了诺特定理的内容：如果系统的拉格朗日量 L 在某个参数 s 变动时保持不变（对称性），那么一定能找到一个物理量 C 符合守恒定律。换言之，拉格朗日量的每一种对称性都对应一个守恒量，反之，每一个守恒量也对应某种对称性。守恒律是可以被实验观察到的，如此而来，从观察到的守恒律，再探索对称性，继而探索何种拉格朗日量对应这种对称性，这样就为寻找作用量表达式提供了一种较为系统的方法，也就是说，对称性支配着作用量的形式。这种将对称性、守恒及作用量联系起来的分析方法，后来发展应用到规范场论等，在量子场论及近代理论物理研究的各个方面影响巨大。

守恒量与对称性的对应举例如：时间平移对称对应于能量守恒、空间平移对称对应于动量守恒、空间旋转对称对应于角动量守恒、镜像对称对应于宇称守恒……

在此给出诺特定理的一个简易证明。

诺特定理

假设一个力学系统对某个参数 s 具有对称性，也就是说，当 s 变化时，系统的拉格朗日函数不变，那么，对应于参数 s，系统一定存在一个守恒的物理量 C。

简单证明

由于系统的拉格朗日函数 L 是广义速度和广义坐标的函数，假设坐标 x 可以表示为时间 t 及参数 s 的函数，L 则可表示为如下形式

$$L = L(\dot{x}, x) = L(\dot{x}(t.s).x(t.s)) \qquad (2.17)$$

假设系统 s 具有对称性，即当 s 变化时，L 不变

$$\frac{\mathrm{d}L}{\mathrm{d}s}=0 \Rightarrow \frac{\partial L}{\partial \dot{x}}\frac{\mathrm{d}\dot{x}}{\mathrm{d}s}+\frac{\partial L}{\partial x}\frac{\mathrm{d}x}{\mathrm{d}s}=0 \tag{2.18}$$

应用欧拉—拉格朗日方程

$$\frac{\mathrm{d}}{\mathrm{d}t}\frac{\partial L}{\partial \dot{x}}-\frac{\partial L}{\partial x}=0$$

到公式（2.18），可得

$$\frac{\partial L}{\partial \dot{x}}\frac{\mathrm{d}\dot{x}}{\mathrm{d}s}+\frac{\mathrm{d}}{\mathrm{d}t}\frac{\partial L}{\partial \dot{x}}\frac{\mathrm{d}x}{\mathrm{d}s}=0 \tag{2.19}$$

应用分部积分法，化简后有

$$\frac{\mathrm{d}}{\mathrm{d}t}\left[\frac{\partial L}{\partial \dot{x}}\frac{\mathrm{d}x}{\mathrm{d}s}\right]=0 \tag{2.20}$$

公式（2.20）意味着

$$\mathrm{C}=\frac{\partial L}{\partial \dot{x}}\frac{\mathrm{d}x}{\mathrm{d}s}=\text{常数}$$

证毕。

8. 自发对称破缺

20 世纪 60 年代中期，科学家们通过对数学物理理论的研究，预言了一种希格斯粒子，他们孜孜以求，期待着希格斯粒子登场，以证实理论之美。物理学家为什么要预言存在这样一种希格斯粒子呢？这与一个叫作“自发对称破缺”的术语有关。

物理，究物之理，这是上天赋予物理学家的基本使命。究到现在，在粒子物理学中，究出了一个“标准模型”，后来，又有了一个不甚玄乎的“弦论”。“弦论”更玄妙一点，“标准模型”却与 2013 年的诺贝尔物理奖有点关系。

希格斯粒子是“标准模型”的宠儿，是被此模型所预言，而在2012年才被欧洲核子中心（CERN）所发现的“标准模型”的最后一个粒子，即媒体所谓的“上帝粒子”。

在“标准模型”中，物质的本源来自于4种基本力，以及61种粒子。尽管“标准模型”还谈不上是一个统一的物理理论，因为它无法将那个顽固的引力统一在它的框架中。但是，它却较为成功地统一了其他3种力：电磁力、弱力、强力，并且基本上能精确地解释与这3种力有关的所有实验事实。

标准模型共预言了61种基本粒子，其中包括36种夸克，12种轻子，8种胶子，2种W粒子，另外还有Z粒子、光子及希格斯粒子。

物理学家早就注意到了事物的对称性，并且，他们所建立的物理规律、各种方程，更是表现出了对称的特点。也许从某种意义上可以说，科学家们所追求和探索的自然界深层的某种对称性，就是他们所欣赏且津津乐道的数学之美。

然而，有一个如今看起来很简单的现象却曾经困惑了科学家们多年。那就是说，自然规律具有某种对称性，但服从这个规律的现实情形却不具有这种对称性，这是怎么回事呢？如今，“自发对称破缺”的理论就能给予解释。

人们经常举几个简单的例子来说明这个专业术语。比如说，一支铅笔竖立在桌子上，它所受的力（自然定律）在四面八方都是对称的，它往任何一个方向倒下的概率都相等。但是，铅笔最终只会倒向一个方向，倒下之后，就破坏了它原有的旋转对称性，而这种破坏是铅笔自身发生的，所以叫“自发对称破缺”。

再表达得更清楚一些，就是说，自然规律的确具有某种对称性，但是，它的方程的某一个解却不一定要具有这种对称性。一切现实情况都只是“自发对称破缺”后的某种特别情形，它只能反映自然规律的一小部分侧面，科学家们只能从探索这些部分的侧面，最终来猜测整体的自然规律。换言之，科学研究的过程的确是犹如盲人摸象。

再举大家熟悉的铁磁体为例。当铁磁体的温度在某个温度（居里点）以上时，分子磁矩分布是各向同性的，即：具有与直立的铅笔类似的旋转对称性。但当温度降低之后，分子磁矩随机地选择了某一个方向，成为在这个方向磁化的永磁体，这就是“自发对称破缺”，它和铅笔朝一个方向倒下的情况类似。

如果我们想象磁化磁体的分子中诞生了某种小生命，更进一步，不妨设想我们就处于这种小生命的位置。那么，在我们看来，世界并不是旋转对称的，在某个方向（磁化的方向）比较特别一些，能感觉到磁性。这儿可以用上一句中国成语：旁观者清，当局者迷。想想看，如果我们是从像磁铁那样一个有偏见的世界中来探索物理规律的话，得用多长时间才能认识到真正的大自然是旋转对称的啊。也就是说，自然定律的对称性一定要比我们能接触到的世界的对称性多得多。

“自发对称破缺”的概念，首先是在凝聚态物理中被苏联科学家朗道提出，经美国物理学家安德森发展，为了解释物质相变而用。后来，这个概念被嫁接到粒子物理中，再到了“标准模型”中，在那儿大显身手。

“标准模型”建立在量子场论的基础上，量子场论的基本思想之一是认为，最基本的物理其实是一系列充满空间的场，而每一种粒子对应于一种场。

4 种基本作用力：电磁力、弱力、强力和引力则是由于与其相对应的粒子的交换而产生和传递的。比如说电磁力是由光子激发和传递的。

“自发对称破缺”也会被激发和传递，我们用一个通俗的例子来解释这点。

想象一大排竖立着的多米诺骨牌，每个骨牌面对着的情况类似于刚才所举的竖立的铅笔，不过骨牌遵循的规律是左右对称，不像铅笔那样旋转对称。

一个骨牌的物理规律是左右对称的，但倒下后的位置（向左或向右）就不对称了。并且，只要有一个骨牌随机倒下了，对称性自发破缺了，便会诱发邻近的、再邻近的……以至于很远的骨牌一个一个倒下。换言之，这种“自发对称破缺”被激发的效应，像一种波动一样，可以被传递到很远的地方。

“一种激发的波动”听起来有点像我们所说的电磁场中的光子。的确如此，物理微观世界中力的作用也可以被想象成按同样的规律传播。

再回到骨牌的例子。如果骨牌做得比较薄，倒下去的速度很快，它的作用传播起来也很快，很快就传到很远的地方，像光子那样。我们会说，传播的力是一种远距离作用，传播粒子的静止质量为 0。而如果骨牌比较厚，倒下去时是慢动作，这时，骨牌效应传播不远就会被衰减而传不下去了，这种情形对应于某种短程力，相应的传播粒子则具有一个有限的静止质量。

粒子物理学家用“对称自发破缺”的概念来研究基本粒子和场，认为它们与我们刚才所举的现实生活中的铅笔和骨牌一样，也遵循某种对称性。不过，它们遵循的是比我们常见的对称例子更复杂的对称性，被称之为“规范对称性”。

在 20 世纪 60 年代初，物理学家在运用“自发对称破缺”理论来研究弱力、强力和电磁力统一理论的时候碰到了一些麻烦，甚至似乎一度陷入绝境。事情是这样的：一个统一这几种力的理论应该是规范对称的，否则就会导致发散而得出不合理的荒谬结果。而规范对称的方程得出来的传递粒子只能是质量为 0 的粒子，这也意味着被传递的作用力是长程力。这个结论对电磁力没问题，但并不符合弱力和强力的情况。弱力和强力只在极短的距离起作用，在很短的空间和时间内就衰减了，因此，传递粒子应该具有较大的质量。

困难还不仅仅如此，不但作用力的传递波色子没有质量，其他组成真实世界的费米子，诸如电子、质子等也都没有质量。这听起来像是个“杞人忧天”的故事：我们的世界明明是具有质量的，真不懂你们物理学家在说些什么？当然，这只是说粒子物理学家研究了几十年的规范理论后走入了困境，这个理论得出了一个没有质量、与实际情况不符合的世界。

物理学家们不愿意放弃看起来颇有希望的规范理论，而要使某些基本粒子得到质量，为此他们想了许多办法。其中，希格斯机制是最简单的一种方法。这种机制在 1964 年被 3 个研究小组几乎同时提出，其中包括两位 2013 年的诺贝尔物理奖得主，即比利时理论物理学家弗朗索瓦•恩格勒和英国理论物理学家彼得•希格斯以及其他 4 位主要人物。至于为什么以希格斯命名，这其中有巧合或误会，但并不重要，重要的是希格斯机制将规范场论带出了困境。希格斯机制的基本思想是假设宇宙中存在一种无处不在的希格斯场，当它与其他规范粒子相作用的时候，因希格斯场的真空态不为 0 而产生自发对称破缺，使规范粒子获得质量，同时产生出一个带有质量的希格斯玻色子。

希格斯机制的实质有点像是将规范理论中所有的粒子都得不到质量这个困难转移到一个统一的希格斯场的真空态上来统一解决。无论如何，它成功地解释了粒子惯性质量的来源。

1968 年，温伯格和萨拉姆率先将希格斯机制引入格拉肖的弱电理论，用于统一弱力和电磁力的工作。他们三人因此而获得了 1979 年的诺贝尔物理奖。

包括希格斯机制的弱电统一理论在内，科学家还预言了弱力的传递粒子 W 粒子和 Z 粒子，它们都是通过希格斯机制得到质量。2 个 W 粒子和 1 个 Z 粒子于 1983 年在 CERN 被发现。

希格斯粒子本来是被人为引入“标准模型”的，它的发现证实了“标准模型”基本正确，也让我们再一次见识了物理数学的理论之美。

9. 费曼的故事

已故的著名物理学家理查德·费曼（Richard Phillips Feynman，1918~1988 年）将最小作用量原理应用到量子力学，提出了对量子论的一种完全崭新的理解，那就是费曼路径积分。

高中时代的费曼第一次听他的老师巴德给他讲最小作用量原理时，便被它的新颖和美妙所震撼。我想，这种感受一直潜藏在费曼的脑海深处，之后才能转化成一支“神来之笔”，使他在量子理论中勾画出路径积分以及费曼图这种天才的神思妙想。

作为一个大学本科生，费曼在麻省理工学院（MIT）了解到量子电动力学面临着无穷大的困难。费曼是一个勇于挑战、充满创造力的科学家，他没有被当时物理学的困境和前辈们的一筹莫展所吓倒，而是将此视作一个机会，并由此而立下雄心大志：首先要解决经典电动力学的发散困难，然后将它量子化，从而获得一个令人满意的量子电动力学理论。费曼说："既然他们对我想要解决的这一问题都没有给出一个令人满意的答案，我就不必理睬他们的工作。"[23] 费曼凭直觉把这个无穷大的原因归结为两点：一是因为电子不能自己对自己产生作用，二是来源于场的无穷多个自由度。当费曼到达普林斯顿大学成为约翰·惠勒的学生之后，他将自己的想法告诉惠勒。惠勒比费曼大 7 岁，与波尔和爱因斯坦均有交往，两位名师手下的高徒，对物理学的理解显然比当时的费曼更胜一筹。惠勒当即指出费曼想法中几个错误所在，但也保留了这个年轻人想法中的某些精华部分。在惠勒的指导和帮助下，费曼兴致勃勃地开始了他的博士研究课题。之后不久，两人首先合作解决了经典电动力学中的无穷大问题[24]。

费曼始终没有忘记中学时听到最小作用量原理时给他带来的震撼，总想由此而导出电动力学。因而，他对经典电动力学构造了一个作用量的表达式（不喜欢公式的读者请忽略以下几个表达式，只读上下文也能很好地理解其中的内容）[25]

$$A=\sum_{i} m_{I} \int \left(\dot{X}_{u}^{i} \dot{X}_{u}^{i}\right)^{1/2} \mathrm{d}\alpha_{i}+\frac{1}{2} \sum_{i \neq j} \iint \delta\left(I_{ij}^{2}\right) \dot{X}_{u}^{i}\left(\alpha_{i}\right) \dot{X}_{u}^{j}\left(\alpha_{i}\right) \mathrm{d}\alpha_{i} \mathrm{d}\alpha_{j} \tag{2.21}$$

由此作用量表达式，在一定条件下，费曼可以推导出麦克斯韦方程。

费曼自认为比较满意地解决了经典电动力学的问题之后，便想将上述作用量量子化，以建立量子电动力学的新理论。尽管费曼为此努力了好几年却一直未能成功，他却始终不渝地坚信问题的关键在于寻找适当的作用量的表达式。

在一次酒店聚会上，费曼偶遇一个到普林斯顿访问的欧洲学者 Herbert Jehle。费曼问他是否知道有谁在量子力学中引进过作用量的概念，Jehle 说："有啊，狄拉克就做过！"

这时，费曼才知道狄拉克在 1933 年（距当时好几年前）[26]的一篇文章中就已经将拉格朗日函数引入了量子力学。于是，费曼急不可耐地去图书馆找来了这篇文章，并在 Jehle 的帮助下，理解并发展了狄拉克的想法，几年来的冥思苦想终于在狄拉克文章的启发下得到了答案。之后，在此基础上，费曼进而提出了与最小作用量原理相关的量子力学路径积分法。

对应于牛顿定律，量子力学中粒子运动的规律由薛定谔方程描述。有关薛定谔方程，我们在下一章讲到微分方程时还会介绍。量子力学与经典力学不同的是，牛顿方程描述的是粒子运动的轨迹，是一条线，而薛定谔方程的解却是一个全空间的波函数 ϕ，波函数的平方被解释为粒子在空间出现的概率。既然是一种波，它最好的类比物当然是光波。从前面几节的叙述中我们已经了解到：几何光学中的最小作用量原理就是费马原理，原理中的作用量指的是光程。光程又是什么呢？光程被定义为相应时间内光在真空中走过的距离，但它从本质上来说，所对应的是光波的相位。因为随着光的传播，光程增加，其相位便随之而周期性地变化。如图 2.18 左图所示。

狄拉克认为，量子力学中概率波的传播方式可以类比于光学中的惠更斯原理（图 2.18 右图）。惠更斯将行进中的波阵面上任一点都看作是一个新的次波源，这些次波源发出的所有次波在下一时刻所形成的包络面就是原波面在一定时间内所传播的新波面。如果用数学语言来描述，惠更斯原理可以用下列积分来表示

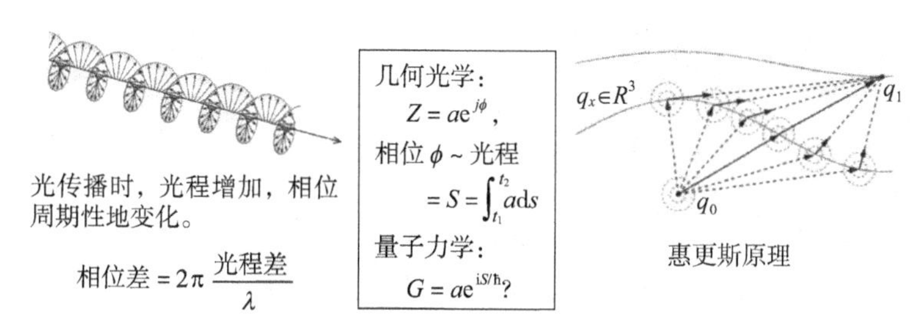

图 2.18　光程、相位和惠更斯原理

$$\psi(x,t_2) = \int G(x,y)\,\psi(y,t_1)\mathrm{d}y \text{ where } t_2 > t_1 \tag{2.22}$$

公式（2.22）中的 $G(x,y)$，是时刻 t_1 的波动到时刻 t_2 的波动的转换函数，也可称之为“核 Kernel”或传播子。狄拉克还指出，传播子在量子力学中应该对应于 $\exp(i(t_2-t_1)*L/\hbar)$，其中的 $\hbar$ 是表征量子效应的普朗克常数，而 L 则是经典力学中的拉格朗日量。

狄拉克的这个将量子力学与经典力学中拉格朗日量联系起来的提议，立即在费曼脑海中产生了巨大反响。“这个想法太妙了！”费曼大受启发，也就是说，经典力学中的作用量应该体现在波函数的相位因子中。并且，费曼进一步大胆猜测：狄拉克的意思可能还不仅仅是说“对应于”，狄拉克难道是说量子力学中的传播子就等于 $\exp(i(t_2-t_1)*L/\hbar)$？不管怎么样，如果我让它们相等，能得到什么结果呢？

于是，费曼开始了他的近似计算“游戏”。首先，费曼令 $\varepsilon = t_2-t_1$。首先只考虑当 ε 比较小的时候的情形，这样有可能便于作近似。然后，他将经典的拉格朗日量采取动能减去势能这种最简单的形式：$L = T - V = (1/2)m((y-x)/\varepsilon)^2 - V$。如此而来，费曼得到短时间内波函数传播子的表达式为

$$G(x,y)=\exp(\mathrm{i}S/\hbar)$$
$$\approx\exp\left\{\left(\mathrm{i}m(x-y)^2/2\varepsilon/\hbar\right)-\left(U\left(\frac{1}{2}(x+y)\right)\varepsilon/\hbar\right)\right\} \quad (2.23)$$

因为 $G(x,y)$ 是时刻 t_1 到时刻 t_2 的波函数的转换函数，这里考虑的是粒子出现的概率波，而没有了“速度”的概念，因而，拉格朗日量 L 不应该像经典拉格朗日量那样被看成是坐标和速度的函数，而应该被看作是时刻 t_1、t_2 以及对应的坐标 x 和 y 的函数，其中的动能也不能写成速度的函数的形式，而应写成 $(1/2)m(x-y)^2/\varepsilon^2$。

正因为对速度概念的上述考虑，狄拉克的假设只能当 $\varepsilon=t_2-t_1$ 为极小量的时候才能成立。然后，费曼将公式（2.23）中的指数函数按照 ε 的泰勒级数展开。展开指数项之后，费曼首先发现他原来认为传播子就等于 $\exp(\mathrm{i}(t_2-t_1)*L/\hbar)$ 的猜想不是很准确，至少应该还需要一个因子。所以，费曼兴高采烈地对介绍狄拉克文章给他看的 Jehle 说:“啊，狄拉克的意思不是说‘等于’，而是‘正比于’！”加了这个因子之后，费曼将传播子重新表示为

$$G=A\exp(\mathrm{i}S/\hbar)\ \text{with}\ A=\sqrt{\frac{m}{2\pi\mathrm{i}\hbar\varepsilon}} \quad (2.24)$$

费曼又对公式（2.24）作了一些近似考虑和泰勒展开之类的代数运算后，得到

$$\mathrm{i}\hbar\frac{\psi(x,t+\varepsilon)-\psi(x,t)}{\varepsilon}\approx-\frac{\hbar^2}{2m}\frac{\partial^2\psi}{\partial x^2}+U(x)\psi(x,t) \quad (2.25)$$

这个结果让 Jehle 既兴奋又吃惊，因为左边写在 $\mathrm{i}\hbar$ 后面的正是波函数对时间的偏导数表达式。所以，费曼把传播子（2.24）代入（2.22），最后导出的方程（2.25），实际上就是含时的薛定谔方程。

10. 沿着历史的路径积分

不过，现在还有一个问题：上一节的推导过程是对时间间隔 t_2-t_1 趋于无限小的时候才能成立，如果对有限长的一段时间 $t-t_0$ 又该怎么办呢？费曼对此日思夜想，终于有一天（从梦中醒来后）他感觉自己想通了：只需要将整个有限时间段分成很多个小时间段，对每一段都用以上同样的做法，然后再令这些时间小段趋于零，而小段的数目趋于无穷大，加起来后求极限，也同样能够在有限的时间区域中导出薛定谔方程。

以经典拉格朗日量作为相位的传播子可以推导出薛定谔方程的事实，说明这种方法与薛定谔方程是等价的。所以，现在我们有了3种方法来描述量子力学：除了薛定谔的微分方程、海森堡的矩阵力学之外，又有了费曼的方法。这3种表述都能得到同样的波函数，然而，费曼的方法到底是什么意思呢？如果按照费曼所想的办法，将有限的时间段分成无限多个小时间段，听起来倒也不是什么新花样，这不就是微积分的思想吗？不过，从上一节的叙述中可知，每一个时间小段的传播子都包含了一个积分表达式。如果现在有无限多个小时间段的话，总的传播子就应该要做无限多次积分。那么，这无限多次积分的几何图像是什么呢？让我们从上述的费曼的思路过程来理解它。

首先，我们考虑从A点传播到B点的粒子的概率波。如图2.19(a)所示，假设粒子在传播的过程中，在 t_1 时刻被一个有4条狭缝的挡板挡住了。如果 t_2-t_1 很小的话，那么，近似而言，这个粒子在 t_2 时刻到达B点的概率是狭缝到B点的4条直线路径的贡献之和。如果狭缝数增多，直线路径便增多，各条直线路径对概率的贡献也就相应地叠加上去。关键是狭缝增加到无限多时，实际上意味着没有

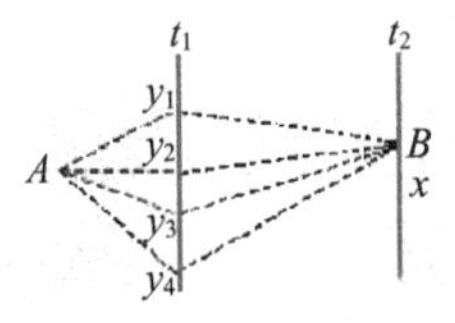

(a) 时刻 t_1 的波，通过 4 条狭缝的挡板在时刻 t_2 到达 x（B 点），波是 4 条路径贡献之和

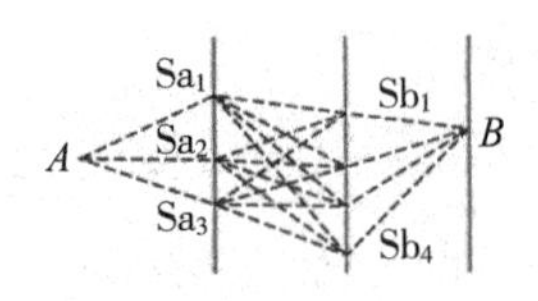

(b) 挡板 A 有 3 条狭缝，挡板 B 有 4 条狭缝，光线从 A 到 B 总共有 $3\times4=12$ 条路径

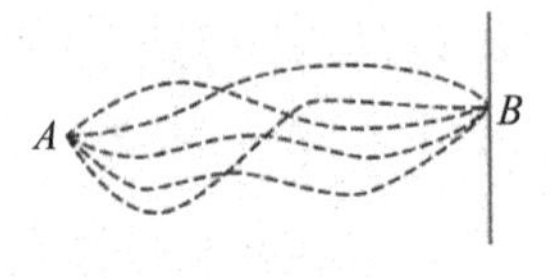

(c) 挡板和狭缝的数目增多，路径数目也增多，无穷多挡板和狭缝对应从 A 到 B 无穷多条路径

图 2.19　从假想而设立的挡板来理解费曼路径积分

了挡板。因而，没有挡板的情形下，t_2 时刻到达 B 点的概率是从 t_1 时刻无限多个不同的位置连到 B 点的无限多条直线路径的贡献之和。现在，假设 A 点和 B 点之间的时间间隔不是“很小”，那么，和微积分的思想一样，现代数学的高招就是将这一段“有限”的时间间隔分成许多许多小间隔，然后对每一个小时间段都运用刚才的方法做一遍。比如说，我们考虑图 2.19（b）有两个挡板的情形，第一个挡板有 3 条狭缝，第二个挡板有 4 条狭缝，那么这时候，一个粒子从 A 点到 B 点的概率是 $3\times4=12$ 条折线路径之和。换个说法，也就是两次求和之乘积。然后，沿用刚才的办法过渡到除去挡板的情形，也就是说，在没有挡板的情形下，粒子从 A 点到 B 点的概率是中间两个时刻点无限多个不同的位置连到 B 点的无限多条“折线”路径的贡献之总和，或称之为二重积分。

再将上面的思路过程推广到 A 点和 B 点之间有 n 个时间点的情况，即有 n 个挡板的情形。想象对每个挡板都用以上过程做一遍，便不难得出如下结论：粒子从 A 点到 B 点的概率是中间 n 个时刻点对应的无限多个不同的位置分别连到 B 点的无限多条“折线”路径的贡献之总和，或者说，是 n 次无限求和（即积分）之乘积。

再进一步，将时间间隔划分成无限多个时间点，如图 2.19（c）

所示，即令 n 趋于无穷。这时候，粒子从 A 点到 B 点的概率应该是无限多个积分之乘积，而上述解释过程中所谓的“折线”，也都变成了连续曲线，换言之，这无限多条曲线实际上就代表了从 A 点到 B 点的所有任意形状的“路径”。

因此，可以将刚才的解释表达得更容易理解一些：从 A 点到 B 点的传播子或转换函数，是从 A 点到 B 点的所有路径贡献之和。还可以引申成更为数学的语言：这里的无限多重积分，可以看作是对所有路径的积分，换言之，是对“路径空间”的积分。这个路径空间又是什么呢？是所有从 A 点到 B 点的 3 维曲线构成的空间，这就又回到了我们在本系列最开始介绍的伯努利的变分法，即“最速降线问题”中的泛函空间。如此一来，貌似高深的量子力学路径积分与简单的几何问题又联系起来了。

后来，费曼在企图将这个做法应用到狄拉克的相对论性量子理论时，碰到了困难。再后来，费曼参加了原子弹研究的曼哈顿计划，无暇顾及这个理论问题。不过他在 1942 年以此思想为基础完成了他的博士论文《量子力学中的最小作用原理》。第二次世界大战之后，费曼受聘于康乃尔大学，继续对量子理论问题进行探讨。几年之后，费曼在他的博士论文的基础之上，完善了作用量量子化的路径积分方法。他于 1948 年在《现代物理评论》上发表的《非相对论量子力学的时空逼近》便是其划时代的代表作。几乎同时，费曼也成功地解决了量子电动力学中的重整化问题，创造出了著名的费曼图和费曼规则，用以方便快捷地近似计算粒子和光子相互作用问题。之后在 20 世纪 60 年代，费曼又发展了量子场论中的泛函积分方法，其实就是将单粒子的 3 维函数路径空间推广到场论的多维（无限维）路径空间而已，不过此是后话暂且不表[27]。

费曼的路径积分是“最小作用量原理”在量子力学中的推广，它让我们完全从另外一个角度来理解爱因斯坦的问题：大自然是如何创造这个世界的？即在诸多的物理量之中，“哪些是最基本的”这一类问题。科学家们只能从自身的经验和人脑的思维想象来“揣摩”大自然的所谓“意图”。比如说，物理学家最早发现了“力”的概念，后来又有了“能量”的概念，如果有孩子问你：“苹果为什么会掉下来，正好打到牛顿的头上呢？”你起码可以有两种方式回答这个问题。一种方式是从力的观点，你说：“苹果受到地球重力的吸引而下落，我们周围的空间中重力场无处不在，它作用到苹果上，使得苹果在每一个时空点都因为受到力而作相应的运动！”另一种方式呢，你可以从能量的观点来回答：“苹果只有处于势能最低的位置才稳定。所以嘛，它就往下掉、往下掉，一直掉到势能最低无法再低的位置为止。”用更数学的观点来看待这两种说法，第一种是与力场的微分方程有关，第二种方法则是将“能量”视为更为基本的物理量。从前面几节中我们了解了“最小作用量”原理，所以，你还可以用“作用量”替代“能量”，用第三种说法来解释。也许用作用量来解释苹果的下落不是很直观，那么，我们在上一节中所举的光线、救援者、蚂蚁的行为便为你提供了很好的实例。

回到理论物理，3 个物理量中，力、能量、作用量，到底哪一个更为基本呢？当费曼刚开始提出量子力学的路径积分表述方法时，并未得到主流物理学家的赞同，尼尔•波尔就是对此长期持反对态度的人之一。波尔实际上非常看重费曼的才华和直率的性格，费曼自己曾经讲过一个故事：按照费曼的说法，费曼刚加入曼哈顿计划时，波尔就如同物理界的神一般受到大家的尊敬。当时，波尔任曼哈顿计划的顾问，和他的儿子一起多次到美国洛斯阿拉莫斯实验室访问。费曼如此生动地描述过波尔到来时的两次物理聚会[28]：

> “第一次聚会时，我坐在后面的某个角落，只能在众多脑袋瓜的缝隙间看到一点点波尔的影子。但他第二次来开会的那天早上，我接到一个电话，是波尔的儿子打来的，说他父亲想和我谈谈。于是，我和波尔在一个办公室里反复讨论和争论了很久有关原子弹的很多想法。后来我才从小波尔那儿知道了事情的来由：原来上次他们来访后，老波尔跟他儿子说：‘记得坐在后面的那小伙子的名字吗？他是这儿唯一一个不怕我的人，只有他会指出我的想法的荒谬。’因此，老波尔决定，下次要讨论什么问题时，不能只找那些只会说‘是，波尔博士！’的人谈话，于是，才在会议之前，先找了我这个‘小人物’去讨论了半天……”

但玻尔对费曼路径积分方法有所误解，还曾经把费曼图误解成粒子运动的轨迹，并对之进行了严厉的批评。

费曼和爱因斯坦的接触很少，只有过3次短暂的见面。第一次是在普林斯顿大学物理系，1940年末，惠勒建议费曼在魏格纳教授负责的讨论会上报告工作，魏格纳认为惠勒和费曼的工作很重要，他邀请了好几个重量级的大师：天文系的亨利•诺里斯教授、数学系的冯•诺伊曼、当时从苏黎世来访的泡利，当然还特别邀请了大名鼎鼎的爱因斯坦。当时，挑剔的泡利坐在爱因斯坦旁边，自己表示不认可惠勒和费曼的做法，并且询问爱因斯坦的看法，爱因斯坦含糊而温和地答了一句“No”。不过，当时费曼有关路径积分的思想尚未成熟，报告中讲的主要是有关辐射阻尼的问题。后来，大约是 1948 年，惠勒曾经将费曼量子力学路径积分的论文交给爱因斯坦看，并对爱因斯坦说：“这个工作不错，对吧？”又问爱因斯坦：“现在，你该相信量子论的正确性了吧？”爱因斯坦也并未直接对费曼文的章发表看法，而是沉思了好一会儿，脸色有些灰暗，怏怏不快地说：“也许我有些什么地方弄错了。不过，我仍旧不相信老头子（上帝）会掷骰子！”

20 世纪 60 年代之后，费曼通过他自身的人格魅力、风趣迷人的讲演风格以及深入浅出的物理论著，使得路径积分的观点对年轻一代的物理学家产生了巨大的影响，也逐渐得到老一代前辈的认可。到 70 年代，海森堡和狄拉克都转而相信，量子力学的基本特征是用以解释路径积分的带相位的概率幅，而不是非对易关系。

费曼在《量子力学与路径积分》这本著作中说：“量子力学中的概率概念并没有改变”“所改变了的，并且根本地改变了的，是计算概率的方法。”因此，费曼对量子力学的观点基本是属于统计诠释一派，只不过，他不是用解微分方程的方法，而是用路径积分的方法来计算概率而已。

微分方程是局域的、立足于力的概念，积分的方法是整体的、基于能量或作用量。这是看问题的两个不同角度，从力的角度看，能量为次级属性。如果从能量或作用量的角度看，力就是一个次级属性，费曼的路径积分使我们从另一个角度来理解量子力学。不仅如此，有时候，更为基本的物理量的正确选择是具有物理意义的，比如 AB 效应（阿哈罗诺夫—波姆效应）便是一例，在此我们不再重复叙述，有兴趣者请参考笔者的一篇博文[29]。

根据路径积分法，从一个时空点（A,t_A）到另一个时空点（B,t_B）的概率幅，来自于所有可能路径的贡献，每一条路径贡献的幅度一样，只是相位不同，相位则与经典作用量有关，等于 $S/\hbar$。

在这里，$\hbar$ 是约化普朗克常数。因此，$\hbar$ 正好具有作用量的量纲，可以把它看作是作用量的量子，而 $S/\hbar$ 表明了对应于每条路径的作用量 S 的量子化。换言之，路径的作用量子的数目决定了该路径对概率幅的贡献。

更为奇妙的是，路径积分在经典物理和量子物理之间架起了一座桥梁。从宏观尺度来说，作用量子 $\hbar$ 是个很小的量，因此，对每条路线，S 都比 $\hbar$ 大很多，对该路线的邻近路径而言，相位的变化非常巨大而使得这些路径贡献的概率幅相互叠加互相抵消。但有一条路径附近的概率幅不会完全抵消，那就是当这条路径与其邻近路线的相位变化不大、基本上相同的那条路径，换句话说，也就是对相位的变分为 0 的那条路径，或者说是作用量 S 的变分为 0 的路径。说到这里，我们已经知道了，这就是经典粒子的路径。如此而来，从宏观角度而言，量子现象就过渡到了经典的运动轨迹，也就使最小作用量原理与量子力学路径积分之间的关系更深一层（图 2.20）。

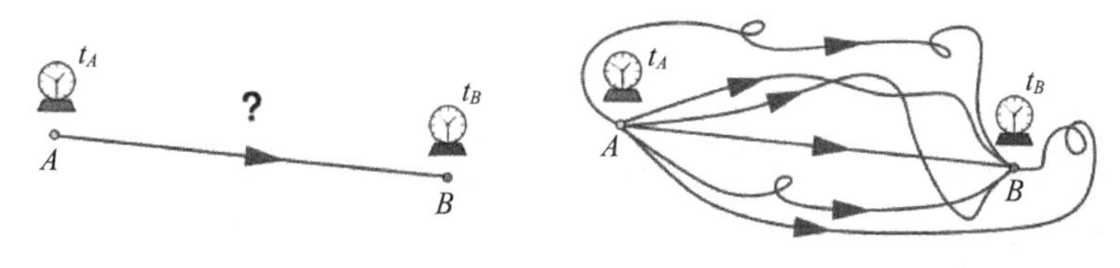

图 2.20　从经典到量子

第3章

微分方程拾趣

“科学是微分方程，宗教是边界条件。”——阿兰·图灵

1. 数学的诗篇

欧拉—拉格朗日方程是泛函有极值的必要条件，它的建立使变分法与微分方程联系起来，变分法与欧拉—拉格朗日方程代表的是同一个物理问题，因此，这两种方法可以互相转化。通过解微分方程能得到变分问题的解，而在微分方程的边值问题难以求出解析解的情形下，变分原理给出的数值近似解提供了一种切合实际的应用方式，比如现在在物理及工程中应用广泛的有限元法便是一例。

之后，对各种偏微分方程的研究导致了数学物理方程的建立，偏微分方程成为各个物理领域的基石。什么是偏微分方程？未知函数只含1个自变量的导数的方程叫作常微分方程，如果方程中包含多于1个自变量的导数的话，就是偏微分方程。

历史上研究的最早的偏微分方程是上一章中已经介绍过的波动方程，从研究乐器中弦的微小横振动开始。后来，傅里叶的理论对求解微分方程至关重要。因为有了傅里叶变换，在一定的条件下，可以通过这种积分变换的方法，把带导数的微分方程转换为不带导数的代数方程。

傅立叶的理论源于音乐，从描述琴弦振动开始，后来通过对热传导的研究而发展建立，但它的效果和影响远不止于此，它的应用也不仅限于求解微分方程。傅立叶等人甚至包括当代的数学家、物理学家、工程师们将这个理论扩展完善成了一个庞大的家族：从傅立叶级数、傅立叶变换到傅立叶分析；从周期函数开始，到非周期的、连续的、离散的、模拟的、数值的、快速的、短时的、时间的、空间的、多维的函数……当下文明社会，各种“信息”漫天遍地，无所不在，而在处理“信息”以支撑这个文明大厦的科学技术领域中，傅立叶的家族成员也大显身手，无处不在。

傅立叶在他的热理论所用的“傅立叶理论”，无疑是数学物理中的一首绝美诗篇。在此仅举以时间 t 为自变量的函数的傅立叶变换，用以说明傅立叶理论的数学之美。

傅立叶分析的方法始于音乐，我们也首先用音乐为例来解释它。声音信号是一种在空间和介质中传播的机械振动，振动的强度随着时间而变化。也就是说，一个原始的声音信息用在一系列的时间点测量的声音强度来表示。

例如，当我们按下电子琴的中心 C 按键时，电子琴发出的“哆”的声音强度可以表示为时间的函数。在图 3.1 中，左图及右上图表示的就是这个声音强度表示为时间的函数图。可以看出，声音强度随着时间快速变化，在 1s 内，声音从强到弱变化上百次。这两个在时间域表示的声音强度也许的确直接地反映了我们的耳膜在受到振动时运动的情形。但是，这对我们却并不直观。

给我们大脑更深刻印象的，不是在每一个局部时间点的振动强度，而是这个信息中潜藏着的某种更具有整体效应的东西。当你按

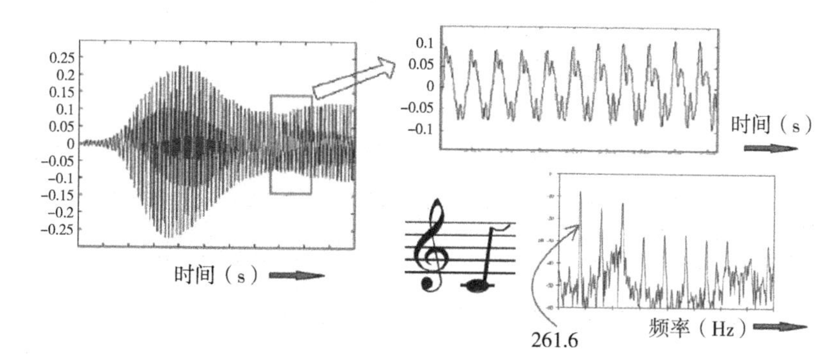

图 3.1　电子琴发出的“哆”的时域和频域的函数图

下这个琴键，或者歌唱家在演唱这个音符时，你感觉得到任何随着时间快速变化的信息吗？没有。你会感觉自己听到的是一个始终“固定不变”的调子。

正是有了傅立叶分析的方法，人们才从物理上认识到上图所示的这个音乐符号中蕴藏的深刻科学含义，原来它代表的是某一个“振动频率”。

图 3.1 右下图所示的，就是“哆”所对应的傅立叶频谱图。从一个声音的频谱图，我们能更容易地认出这个信号对应于琴键上的哪一个按键，是中心 C 的“哆”，还是旁边的“来”。

一个声音信息中往往不止包含一个频率，把一个声音信息中潜藏着的所有频率分量都找出来，这个过程便是傅立叶分析，也可称为傅立叶级数展开。图 3.1 中的右下图便是一个包含了很多频率的频谱图，其中的几个高峰显示了主要的频率分量。周期函数最基本的表达式是大家熟知的三角函数（正弦和余弦函数），每一个三角函数都对应一个固定的频率，在傅立叶展开中，这些函数作为代表给定频率的基础函数，分析的过程就是将一个任意函数表示成不同频率的三角函数之和，或称之为将函数展开为傅立叶级数

$$f(x) \approx F(t) = a_0 + \sum_{k-1}^{\infty} a_k \cos(kt) + \sum_{k-1}^{\infty} b_k \sin(kt) \tag{3.1}$$

傅立叶展开不仅用来分析声音信号，也可以用来分析任何函数。比如说，现代数字通信技术中使用最多的数字是“0”和“1”，这两个数字可以分别用电子线路中低电压和高电压来表示，也就是表示成形状为矩形波的函数图，见图 3.2 右下图。

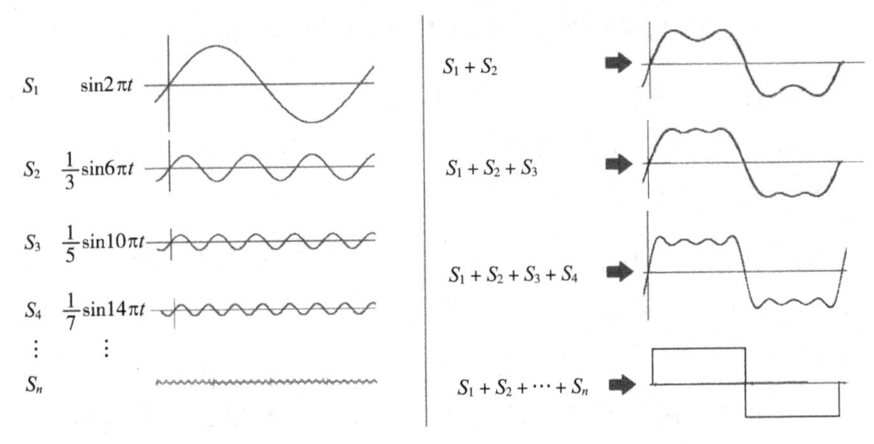

图 3.2　信息工程中经常将矩形波信号展开成傅立叶级数

我们可以将一个矩形函数表示成多个正弦函数之和，或者反过来说，许多个正弦基本函数叠加的结果可以近似地表示矩形函数。图 3.2 所示的就是叠加的过程，左边图中的 $S_1, S_2, \cdots, S_n$，代表不同频率的正弦函数，这些正弦函数用来近似右下图所示的矩形函数。因此，第一个正弦函数 S_1 的频率与矩形函数的频率相同，它的振幅最大，是矩形函数最重要的成分。然后，从正弦函数 S_2 开始，振幅越来越小，频率越来越高。图 3.2 的右图，是将这些正弦函数叠加到一起时得到的函数波形。比如说，右图上面第一个图由 S_1 和 S_2 叠加而成，第二个图由 S_1、S_2 和 S_3 叠加而成，第三个图则由四个基本正弦函数叠加而成。从图中可以看出，叠加的函数数目越多，叠加之后的函数图形就越接近一个矩形，如此无限地叠加下去，最后的图形便可趋向于真正的矩形函数。

2. 微分方程展宏图

上一节例子中的音乐信号以及矩形波都是时间的周期函数，因而可以使用傅立叶级数展开来分析这些信号中包含的各种频率分量，包括基频的大小以及各阶倍频分量的贡献。对非周期的函数，也仍然可以使用傅立叶分析的方法，一般将这种方法称为傅立叶变换，以区别于傅立叶级数展开。因为这种分析不同于图 3.2 所示的可数函数的叠加，而是推广到使用连续积分，成为一种变换，将函数的定义域从时间域变换到了连续的频率域，如此来得到函数的连续频谱。图 3.1 右下角图中的连续曲线就是应用连续傅立叶变换之后所得到的连续频谱。

1 维函数的傅立叶变换（时间域变到频率域）和反变换（频率域变回到时间域）最简单的积分表达形式为

$$\text{傅里叶变换}\quad F(\omega)=\frac{1}{\sqrt{2\pi}}\int_{-\infty}^{+\infty}f(t)\mathrm{e}^{-\mathrm{i}\omega t}\,\mathrm{d}t \tag{3.2}$$

$$\text{傅里叶反变换}\quad f(t)=\frac{1}{\sqrt{2\pi}}\int_{-\infty}^{+\infty}F(\omega)\mathrm{e}^{-\mathrm{i}\omega t}\,\mathrm{d}\omega \tag{3.3}$$

在公式（3.2）和公式（3.3）中，F 表示变换后频率域的函数，f 表示变换前原来的时间函数。从公式（3.2）可以看出，傅立叶变换是傅立叶级数展开公式（3.1）的推广。原来展开公式中级数的求和在傅立叶变换中用积分代替，而三角函数用复数形式的指数函数代替，因为可以证明正弦函数和余弦函数分别是复指数函数在它的自变量为纯虚数时的虚数和实数部分。

傅立叶变换不仅可用于分析声音、图像以及其他种种函数曲线，还是求解微分方程的一个重要工具和途径。为什么可以利用傅立叶变换来简化求解微分方程的过程呢？关键点之一是因为指数函数微分的奇妙性质：指数函数的导数等于这个函数自身乘以一个常数。因而，通过傅立叶变换的方法，可以把原来带导数的时间域的微分方程转换为不带导数的、频率域的代数方程，求解出来代数方程频率域的解之后，再使用逆变换公式（3.3）得出原来问题的时间域的函数解，或者通过傅立叶变换，将偏微分方程变成更容易求解的常微分方程。

继达朗贝尔、贝努利等研究弦振动之后，众多数学家在考察具体的数学物理问题中，研究了众多类型的微分方程，特别是他们对物理学中出现的偏微分方程的研究奠定了微分方程的一般理论基础，导致了分析学的一个新的分支——数学物理方程的建立。

与傅立叶同时代（晚 10 年左右），另一位法国数学家泊松（Siméon Denis Poisson，1781~1840 年）是拉格朗日最欣赏的学生。泊松也对数学物理做出了非凡的贡献，在理论物理中留下不少他的大名：泊松分布、泊松括号等，此外还有泊松方程，这是数学物理中除了波动方程及热传导方程之外的另一类常见的二阶偏微分方程。下列微分方程中，U 是未知数，U_x、U_{xx} 等表示 U 的偏导数。

泊松方程（椭圆型）：$\alpha^2 U_{xx} + \beta^2 U_{yy} = 0$

波动方程（双曲线型）：$U_{tt} - \alpha^2 U_{xx} = 0$

热传导方程（抛物线型）：$U_t - kU_{xx} = 0$

类比于用系数判别式将平面上的二次函数归类为椭圆、双曲线和抛物线，线性二阶偏微分方程也可以由其系数判别式的性质而被分类为椭圆型、双曲线型和抛物线型。上面所写的泊松方程、波动方程和热传导方程便是这几种类型的偏微分方程的最简单例子。

尽管在18、19世纪，科学家们建立了类型众多的微分方程，但求解微分方程的解析解的努力往往归于失败，人们逐渐认识到，大多数微分方程是没有精确解的。因此，数学家们对微分方程的研究逐步走向另外一些方面。

一些数学家转而证明解的存在性，其中柯西是走在最前面的一位，他是给出常微分方程的第一个存在性定理，也是率先讨论偏微分方程解的存在性的第一人。后来，俄国女数学家柯瓦列夫斯卡娅把柯西有关偏微分方程解的存在性工作发展到了一般的形式。

著名数学家庞加莱用微分方程研究三体问题，模模糊糊地走到了混沌问题的边缘，这个研究方向导致了诸如分形和混沌等许多非常重要而又十分有趣的现象，这些问题我们在本章的后面几节中还将作介绍。当庞加莱意识到三体问题具有某些“难以想象、不可思议”的复杂解时，他便开始对微分方程进行定性的理论研究，并由此开创了代数拓扑学，强调在微分方程研究中，最为重要和关键的，是要把握住定性和整体的拓扑思想。

宇宙中的一切事物都处在永恒的变化之中，科学家的目的就是要从变化中求不变，探索上帝造物的秘密，找到物质运动的规律。数学是科学的皇后，科学家用它来为研究对象构建数学模型。这其中，微积分以及由此发展出来的微分方程大显身手，活跃于科学技术的每个角落，甚至渗透到了人文社会科学的研究中，比如金融、股票、人口增长、心理学等，这些领域也需要建立微分方程来进行研究。如此一来，人们对寻找微分方程之解的要求迫在眉睫，特别是在工程技术方面，对他们来说，数学家们对微分方程的存在性及与定性拓扑等有关的研究似乎有点遥不可及。远水有用，但一时救不了近火。人们想，既然大量的微分方程都难以得到精确的解析解，那是否可以用某种方法，比如数值计算的方法得到方程的近似解呢？这个思想早在欧拉时代就已经开始了，不过，现代计算机技术的蓬勃发展，无疑对此起到了推波助澜的大作用。因而，用各种数值方法求微分方程的解，成了许多科技领域中不可或缺的部分。

求解微分方程的数值方法很多，对不同的微分方程类型，诸如常微分方程、偏微分方程、一阶方程和高阶方程等，都有许多种方法。在此，我们仅以讨论最简单的一阶常微分方程的初始值问题为例，简单说明数值方法的应用。

假设有一个给定的微分方程和初始条件，如图 3.3（a）上方的公式所描述。将一定的自变量 t 的区域用 t_1，t_2，…，t_n 分成若干个小段。用数值法求解该方程的意思就是说，对应于这些 t_i 的数值，找出一组 y_i 的数值，用它们来近似方程的精确解 $y(t)$。因为这种情形下的初始值是准确的，所以一般采取的方法是从初值出发，利用给定的导数函数，即公式中的 $f(y,t)$，找出第 1 点 t_1 对应 y_1 的近似值，然后，再根据这个第 1 点的数值，用类似的方法估算出第 2 点的近

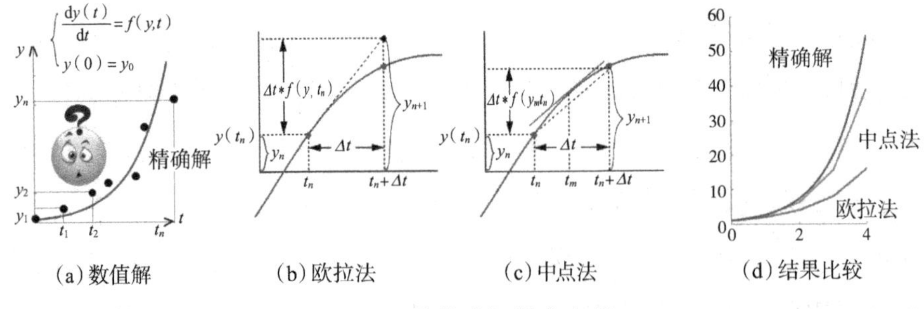

(a) 数值解　(b) 欧拉法　(c) 中点法　(d) 结果比较

图 3.3　数值求解微分方程

似值。依次类推下去，求出希望计算的所有点的函数近似值，这便是求数值解的整个过程。

在具体求解的过程中还需要考虑两个问题，一是如何将 t 的区间分段？分多大？是等分还是不等分？分段间隔太粗，保证不了精度，太细又需要花费太多的计算时间。等分的间隔比较简单，但没有考虑未知函数变化的快慢，有时也会浪费计算时间。总之，这是一个需要考虑的问题。

另一个问题是如何利用导数函数 $f(y,t)$ 从 $y_n(t_n)$ 来近似估算下一个点的函数值 $y_{n+1}(t_{n+1})$。数学家和工程师们对此有很多研究，他们在计算速度、结果精度、简单性之间打转以取得平衡。图 3.3 中的(b)和（c）给出了两种常用的基本方法：欧拉法和中点法。欧拉法是最为简单的一阶近似法，它直接从第 n 个点按照该点导数的数值作曲线的切线，与 t_{n+1} 的垂直线相交一点，用这点的 y 作为第 $n+1$ 个点的近似值 y_{n+1}。中点法如图 3.3（c）所示，它不是从 t_n 点作切线，而是从 t_n 和 t_{n+1} 之间的中点 t_m 作切线。这种方法涉及曲线的二阶微分，更复杂，但也更准确一些。图 3.3（d）给出了中点法和欧拉法的结果比较。

3. 三体问题

如上节所述，20 世纪 50 年代后，数学家们多了一个新帮手——计算机，计算机使得数值求解微分方程的问题贯穿到了科技的各个领域。不过实际上，在几百年前，远在计算机发明之前，数学家就试图用人工运算的方法来探讨这类问题，比如数学家欧拉、拉格朗日、庞加莱等就是如此。

牛顿创建了微积分和万有引力定律之后，自然首先迫不及待地将它们用于研究天体的运动问题。他用数学方法严格地证明了开普勒三大定律，使二体问题得到了彻底的解决。所谓二体问题就是说，只考虑两个具有质量的质点 m_1 和 m_2 之间的相互作用（通常是考虑万有引力）时，研究它们的运动情况。也就是说，像地球的自转啦、形状啦等，我们是统统不考虑的。二体问题从数学上可以归结为求解如下的微分方程

$$F_{12}(x_1, x_2) = m_1\ddot{x}_1 \tag{3.4}$$

$$F_{21}(x_1, x_2) = m_2\ddot{x}_2 \tag{3.5}$$

公式中的 F_{12} 和 F_{21} 是两个质量之间的作用力，在天体运动情况下表现为万有引力，在微观世界中可以是其他力，比如电磁的作用等，我们以后在谈及二体、三体或 n 体问题时，只考虑万有引力。牛顿时代就已经得到上述微分方程的精确解，凡是学过中学物理的人都知道，这时的两个质点在一个平面上绕着共同质心作圆锥曲线运动，轨道可以是圆、椭圆、抛物线或者双曲线。不过，在大多数实用情况下，人们通常感兴趣的是椭圆轨道类型的问题，由于对其他两种情况，天体逃之夭夭，不知跑到哪里去了，当然它们也许会有新的同伴，但那就是另外的新问题了。因此，考虑三体问题时，大多数情况，我们也只讨论互相作绕圈运动的情形。

二体问题的成功解决给牛顿以希望，他自然地开始研究三体问题，没想到从 2 加到 3 之后的问题使牛顿头痛不已。岂止是牛顿，之后的若干数学家，即使在几百年之后的今天，三体问题仍然未能圆满得到解决，大于 3 的 n 体问题自然就更为困难了。如此困难的三体问题却是天体运动中非常常见的情况，比如太阳、地球、月亮三者的运动规律就是一个典型的三体问题。

从数学方法来说，解二体和三体问题都是解微分方程组，但二体问题可以通过求积分就能简单地解决，同样的方法却无法对付三体问题。但数学家们总有他们的办法，问题解不出来时就将其简化。既然二体问题之解令人十分满意，那就在二体问题解的基础上做文章。首先可以假设，3 个天体中其中 2 个的质量 m_1 和 m_2 比第 3 个的质量 m 要大得多。所以，第 3 个小天体对两个大天体的影响完全可以忽略，这样就可以将 2 个大天体的运动作为二体问题解出来。然后，再将第 3 个天体看作是在前 2 个天体的引力势场中运动的粒子而求解其运动方程。这样简化后的问题被称之为“限制性三体问题”。但实际情况令人很不愉快，即使是简化到了这种地步，小质点 m 的运动方程仍然无法求解。

于是，数学家又进一步将其简化成“平面限制性三体问题”，就是要求 3 个质点都在同一个平面上运动，但似乎还是得不出方程的通解。

得不到通解，科学家便研究一些近似解和特殊解，这两方面倒是有点成效。颇为成功的近似方法是“摄动理论”，它实质上就是一种微扰法。“摄动理论”考虑 2 个物体的运动，并将第 3 个物体的作用作为对前 2 者的微扰。用这种方法解决和预测太阳系中的一些现象卓有成效。

对“平面限制性三体问题”，欧拉和拉格朗日则求到了小质量运动方程的几个特解，见图 3.4。

这些小质量在二体系统中的特解被统称为拉格朗日点，是指在两大物体引力作用下，能使小物体暂时稳定的点，其中的 L_1、L_2、L_3 实际上是欧拉得到的，L_4 和 L_5 由拉格朗日在 1772 年得到，发表在他的论文《三体问题》中。

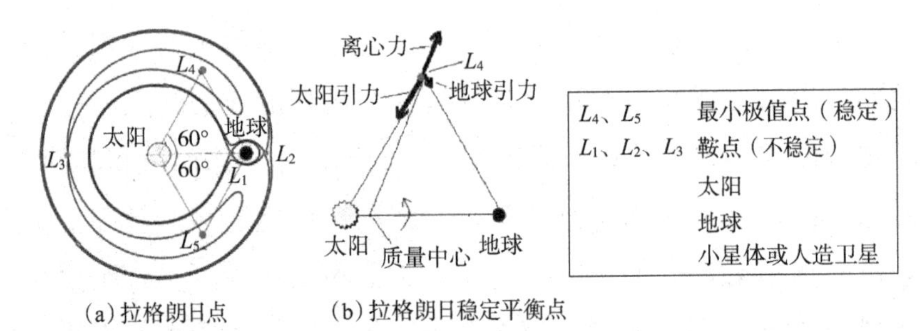

(a) 拉格朗日点　　(b) 拉格朗日稳定平衡点

图 3.4　小质量天体在二体系统中的拉格朗日点

如图 3.4（a）所示，拉格朗日点中的 3 个 L_1、L_2、L_3 位于两个大天体的连线上，L_4 和 L_5 则分别位于连线的上方和下方，与大天体距离相等并组成一个正三角形的两个对称点。可以从数学上证明，在连线上的 3 个拉格朗日点不是真正“稳定”的点，它们是对应于“鞍点”类型的极值点，只有 L_4 和 L_5 是对应于最小值的稳定点。也就是说，当小质量位于 L_4 和 L_5 时，即使受到一些外界引力的扰动，它仍然有保持在原来位置的倾向。图 3.4（b）显示了在 L_4 点对小天体的 3 个作用力（地球引力、太阳引力、离心力）是如何平衡的。有趣的是，我们都知道力学结构中的三角形与稳定性有关，当小质量位于 L_4 和 L_5 时，3 个质点正好构成一个等边三角形，这是否暗藏了某种稳定性原理呢？ L_4 和 L_5 有时也被称为三角拉格朗日点或特洛伊点。

乍一看，5 个拉格朗日点的存在似乎没有多大的实际意义，只像是个趣味数学游戏。但是，没想到它们还真有一定的实际用途，自然界的实例也证明，稳定解在太阳系里就存在。1906 年，天文学家首次发现木星的第 588 号小行星和太阳正好等距离，它同木星几乎在同一轨道上超前 60° 运动，三者一起构成等边三角形；同年发现的第 617 号小行星则在木星轨道上落后 60° 左右，构成第 2 个正三角形。之后进一步证实，木星轨道上的小行星群（特洛伊群和希腊群）分别位于木星和太阳的拉格朗日点 L_4 和 L_5 上。有时将这类小行星群统称为特洛伊群，迄 2007 年 9 月为止，已经确认的特洛伊小行星有 2239 颗，其中 1192 颗在 L_4 点，1047 颗在 L_5 点(图 3.5)。

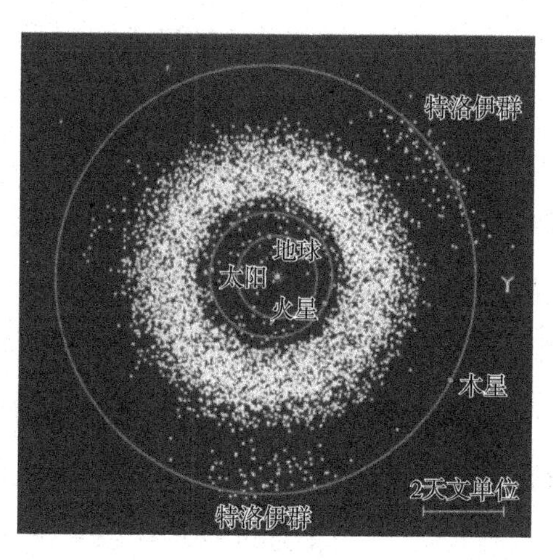

图 3.5　木星的特洛伊群小行星

此外，在土星—太阳系统及火星—太阳系统的 L_4 和 L_5 点上也都发现有小卫星存在。还曾经在地球—太阳系统的 L_4 和 L_5 点上发现存在尘埃群，2010 TK7 是首颗被发现的地球的特洛伊小行星。另外在对微观世界的研究中也发现了“拉格朗日稳定点”的存在。

发射人造卫星及其他人造天体时，科学家和工程师们也考虑和利用这些拉格朗日点。我们可以以太阳和地球加小星体的系统为例来考察一下这些特殊点。比如，L_1、L_2、L_3 都在日地连线上，L_1 在日地之间，小星体在这个位置时，它的轨道周期恰好等于地球的轨道周期，日光探测仪即可围绕日地系统的 L_1 点运行；L_2 点偏向地球一侧，通常用于放置空间天文台，如此可以保持天文台背向太阳和地球的方位，易于保护和校准，L_3 在日地连线上偏向太阳一侧，像是与地球对称，在一些科幻小说中它被称之为“反地球”。2012年，美国宇航局计划在地球和月球的拉格朗日点上建设空间站。

所以，18世纪拉格朗日研究三体问题时找到的特解还是有点用处的。但是如果回到三体问题微分方程的通解问题，数学家们至今仍然是一筹莫展。

到了庞加莱的时代。1887年，瑞典国王奥斯卡二世为了祝贺他的60岁寿诞，赞助了一项现金奖励的竞赛，征求太阳系的稳定性问题的解答，这实际上是三体问题的一个变种。尽管当时庞加莱没有真正解决这个问题，但他对此问题超凡的分析方法使他赢得了奖金。庞加莱提出的实际上就是后来被称之为“混沌”的概念，他的意思是说如果初始值有一个小的扰动，后来的结果可能就会有极大的不同，以至于我们不能完全预测系统的最终状态（图3.6）。

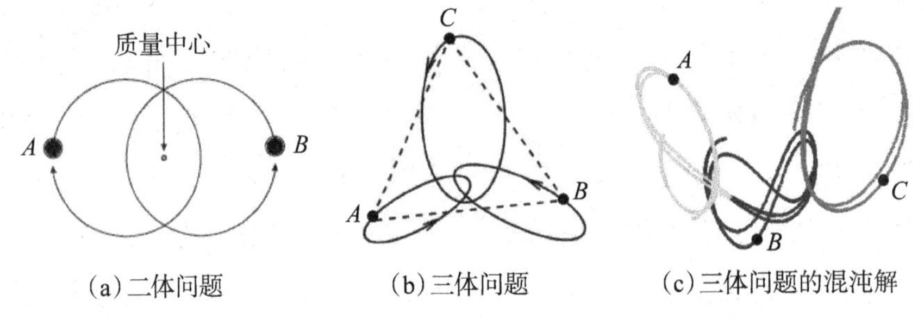

图3.6　从二体问题的精确解到三体问题的混沌解

庞加莱发现即使在简单的三体问题中，方程的解的状况也会非常复杂，以至于对于给定的初始条件，几乎没有办法预测当时间趋于无穷时，这个轨道的最终命运。事实上，这正是后来物理学上发现的著名的混沌概念的萌芽。

4. 奇妙无比的混沌[30]

用计算机数值求解微分方程的方法是科技人员的好助手，能够帮助他们求出想要了解的方程的近似解。这点，对长期从事气象研究的美国科学家爱德华•洛伦茨（Edward Norton Lorenz，1917~2008年）来说，是深有体会的。那还是在20世纪的60年代初，当时洛伦茨使用的计算机还是一个堆满了整间实验室的、由真空管组成的庞然大物，计算速度还远不及我们现在用的手提电脑。但是，当时洛伦茨已经很佩服这个巨大机器的深厚功力了。要知道，洛伦茨在MIT所研究的问题是模拟影响气象的大气流。当初，庞加莱研究了一个简单的三体问题，就发现所得到的解具有意想不到的复杂性。而气象的大气流问题呢，本质上可以说是很多个分子的多体问题，尽管科学家将其数学模型简化又简化，但还是有太多的因素影响气流的变化，简化后的微分方程仍然十分复杂。如果不利用计算机的强大功能的话，几乎不可能得出结果。

洛伦茨辛苦工作，为了在验证计算结果时节约一些计算时间，他对计算过程稍微作了些改变，因为他对前一部分的结果比较有信心，只想检验后面一部分的计算。于是，他从计算的中间部分做起，直接将前一部分的计算数据一个一个地打到输入卡片上，再送到计算机中。这样一来，他就能利用上次的一部分结果，达到省略计算、节约时间的目的。要知道，即使只是计算这后半部分，也仍然要花费好几个小时，第二天早上才能看到结果。

但是，当洛伦茨第二天早上兴致勃勃地来到计算机房，看到计算的新结果时却不由得大吃一惊，因为得到的数值和原来的完全不一样。新结果和老结果千差万别（图3.7），这是怎么回事呢？洛伦茨只好再计算一次，结果仍然如此。于是，他再返回到老方法，计

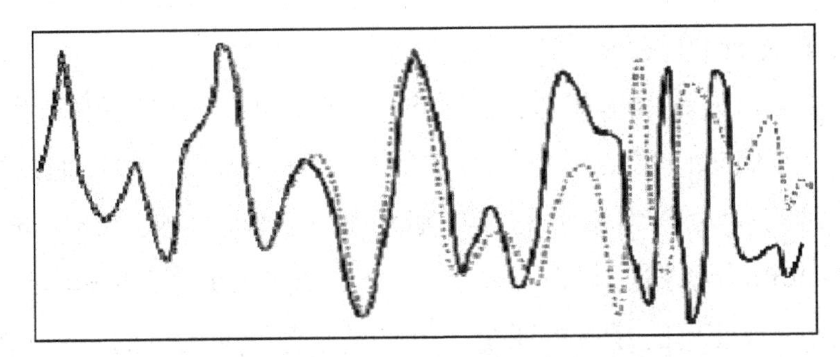

图 3.7 实线和虚线分别是洛伦茨的两次计算过程的结果

算后得到老结果；用新方法，又得到新结果。新方法和老方法唯一的差别就是中间数值的输入方法不同。老方法是用储存的数据从机器内部输入，而新方法则是将同样的数据用手打字到卡片上输入。难道这两种方法输入的数据会有差别吗？洛伦茨又只好反复检查这些数据，结果发现，的确是在四舍五入时使两者产生了一点极微小的差别。

这么微小的差别（比如，.000127）就能导致最后结果如此大的不同吗？洛伦茨百思而不解。

初始值的微小差别导致最后的结果完全不同。洛伦茨隐约记起了曾经道听途说的庞加莱研究三体问题的故事，以及有关庞加莱发现三体问题的解的奇特行为时的说法，猜想自己可能碰到了类似的问题。也就是说，他碰到了对初始值极度敏感的一类解的问题。为什么这一类微分方程的解会对初始值如此敏感呢？如果真是如此的话，我们所期望的准确的气象预报还有可能吗？这其中是否还暗藏着什么玄机呢？看着计算机的大量输出结果，洛伦茨又感到十分庆幸，他庆幸自己有这么快速的超级计算机做助手，这与庞加莱当初的情形已经完全不能同日而语了。于是，他决定把这个问题简化成一个纯粹的数学问题，下决心研究到底，看看这种初值极度敏感的效果在计算过程中到底是怎么产生的。

首先，洛伦茨以他非凡的抽象能力，将气象预报模型里的上百个参数和方程，简化到如下一个仅有3个变量及时间的、系数完全决定了的微分方程组

$$dx/dt = 10(y - x) \tag{3.6}$$

$$dy/dt = R*x - y - xz \tag{3.7}$$

$$dz/dt = (8/3)z + xy \tag{3.8}$$

方程组中的x,y,z，是由气象预报中的诸多物理量，如流速、温度、压力等简化而来的3个变量。方程（3.7）中的R在流体力学中叫作瑞利数，与流体的浮力及黏滞度等性质有关。

这个微分方程组看起来简单，却无法求出解析解，并且，它是非线性的。非线性的意思就是说，方程中包含了未知函数的平方、立方高阶项或者是交叉高阶项。在这个方程组中，具体表现在方程（3.7）中的xz以及方程（3.8）中的xy这两项。后来，进一步的研究证实，方程的非线性是产生初值敏感性的根源。

洛伦茨令瑞利数$R = 28$，然后，利用计算机对上述方程组从初始值x_0，y_0，z_0开始，计算出下一个时刻的数值x_1，y_1，z_1，再算出下一个时刻的x_2，y_2，z_2，如此不断地进行反复迭代，并将逐次得到的x，y，z瞬时值画在3维坐标空间中，这便描绘出了图3.8（b）所示的奇妙而复杂的“洛伦茨吸引子”图。

从洛伦茨吸引子的图形能看出些什么呢？洛伦茨看出的是方程的解的长期行为。

在洛伦茨发现这个现象之前，人们认为，微分方程的解应该对应于“正常”的物理过程，也就是说，如果这些解是时间的函数的话，

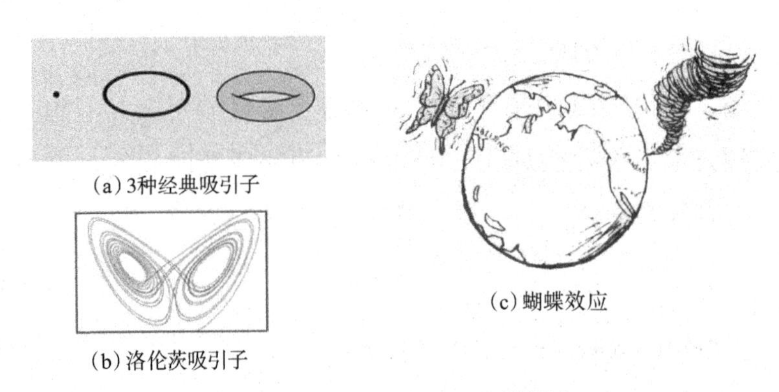

(a) 3种经典吸引子

(b) 洛伦茨吸引子

(c) 蝴蝶效应

图 3.8　洛伦茨吸引子和蝴蝶效应

过了足够长的时间之后，这些解应该趋向于某些固定的图形，即图 3.8（a）中的所谓“经典吸引子”。我们可以用单摆的振动为例说明这个问题。单摆的运动可以从牛顿力学建立的微分方程中解出，解的长期行为有 3 种。当你拨动一下单摆，它会摆动一段时间之后最后停止下来，这种解的长期行为对应于图 3.8（a）中最左边的“点”图形的情况；如果你以某种方式给单摆不断地补充能量，或者是想象单摆没有任何摩擦导致任何能量损耗的话，摆动将会永远进行下去，这就对应于图 3.8（a）中图的极限环情况；再复杂一点，单摆的频率可能不止一个，可能具有多个方向、多个频率分量，但仍然是某种周期运动，这时候的长期行为属于图 3.8（a）右图所示的面包圈形状。

然而，洛伦茨方程解出来的结果无法归结到这其中的任何一类，这种解的长期行为似乎无规可循，图形似乎限制在一定的范围内绕圈，整体看起来总是一个模样，但实际上绕来绕去的数值序列却永不重复。并且，如果洛伦茨将计算时所使用的初始值改变一个极小的数值，绕行的路径便又会完全不同。这正是像后来某位作家所用的“蝴蝶效应”一词一样：亚洲一只蝴蝶煽动了一下翅膀，便引发了巴西的一场龙卷风，见图 3.8（c）。

继洛伦茨之后，各个领域的人们都开始注意用计算机寻找各种非线性方程的奇异吸引子，学界对这种被称作“混沌现象”的探讨风靡一时，也促进了对非线性及微分方程稳定性理论的研究。其中，对起源于人口（或虫口）的生态学中的逻辑斯蒂方程的研究尤为突出。逻辑斯蒂方程非常简单，但也是一个非线性方程，它的迭代形式如下

$$x_{n+1} = kx_n - k(x_n)^2 = kx_n(1 - x_n) \tag{3.9}$$

方程（3.9）中的参数 k 决定了混沌现象出现或者不出现。

从图 3.9 可见，从 $k = 3.5$ 左右开始，系统逐渐走向混沌。混沌的最后结果很奇怪，不会收敛到任何稳定状态，而是在无穷多个不同的数值中无规则地跳来跳去。

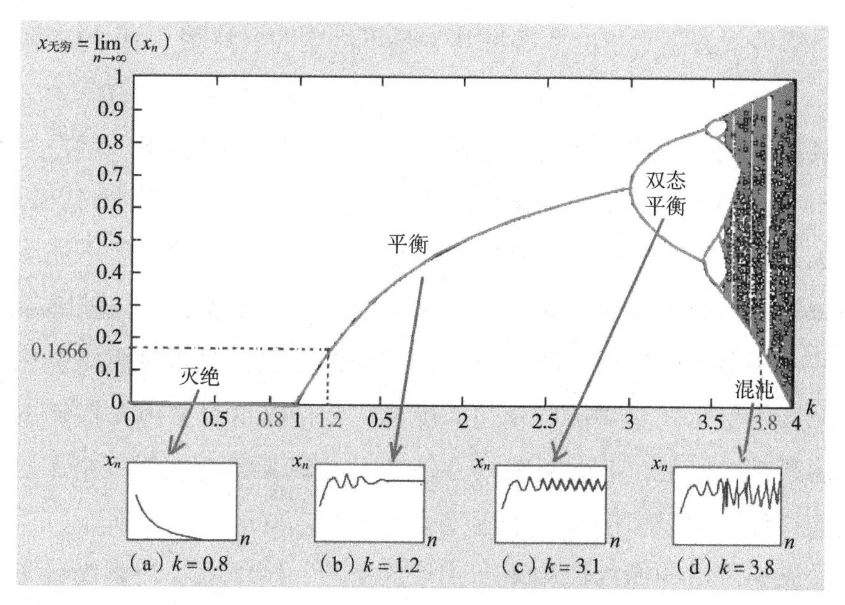

图 3.9 对应于不同的 k 值，逻辑斯蒂方程解的不同长期行为

逻辑斯蒂系统是如何从有序过渡到混沌的呢？从图（3.9）中可以发现许多“三岔路口”点，在这些点，一条曲线分成了两支，被称为“倍周期分岔”现象。逻辑斯蒂系统便是通过越来越多的倍周期分岔点，从有序过渡到混沌的。

混沌的产生与微分方程的“稳定性”有关（图 3.10）。

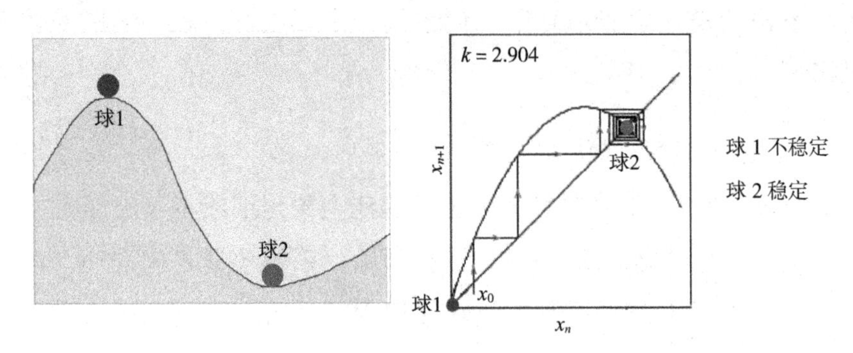

图 3.10 不稳定和稳定

哪种状态是稳定的？哪种状态是不稳定的？从图 3.10 的左图中可以一目了然，这是在重力场中“稳定”和“不稳定”的概念：对小圆球来说，坡顶和坡谷都是重力场中可能的平衡状态。但是人人都知道，位于顶点的球 1 不稳定，位于谷底的球 2 很稳定。究其根源，是因为只要球 1 在开始时被放斜了那么一丁点儿，就会因不能平衡而掉下去，而球 2 呢，则不在乎这起始点的小误差，它总能够滚到谷底而平衡。用稍微科学一点的语言来说，稳定就是对初值变化不敏感，不稳定就是对初值变化太敏感。我们将这个意思发挥扩展到逻辑斯蒂方程上，考虑图 3.10 的右图中逻辑斯蒂方程对某个 k 值迭代的过程，即吸引子是一个固定点的情况。这时，逻辑斯蒂方程的解应该是图中的抛物线和 45° 直线的交点，图中的这两条线有两个交点。因此，除了固定吸引子 $x_{无穷} = 0.66$ 之外，$x_{无穷} = 0$ 也是一个解。

但是，在图中所示的条件下，$x_{无穷} = 0.66$ 是稳定的解，$x_{无穷} = 0$ 却是不稳定的解。这是为什么呢？因为只要初始值偏离 0 一点点，如图中所画的情况，迭代的最后结果就会一步一步地远离 0 点，沿着箭头，最终收敛到 $x_{无穷} = 0.66$ 这个稳定的平衡点。

图 3.11 画出了不同 k 值下的逻辑斯蒂迭代图，标为方框的是迭代的最后过程。图中的抛物线对应于逻辑斯蒂方程右边的非线性迭代函数 $x_{n+1} = kx_n(1 - x_n)$。

从左向右看：（a）图中的 x_n 最后收敛于一个点；（b）图中的 x_n 最后收敛于一个矩形，标志着有两个不同的 x 值；（c）图中的 x_n 最后收敛于循环框，在 4 个不同的 x 值中循环；（d）图是“混沌”情况，大家一看圈来圈去的复杂曲线便明白了，它有点类似于洛伦茨的蝴蝶图了，这是混沌的表现。

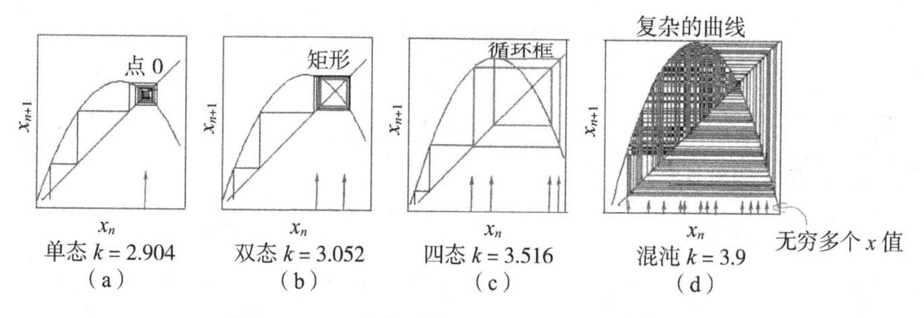

图 3.11　不同 k 值下的逻辑斯蒂迭代图

有关微分方程解的稳定性问题，由数学家李亚普洛夫始开先河。亚历山大•李亚普洛夫（1857~1918 年）是与庞加莱同时代的俄国数学家和物理学家，与稳定性密切相关的李亚普洛夫指数便是以他的名字命名。

如何来判定系统稳定与否？李亚普洛夫想，可以用对重力场中两个小球是否稳定的判定方法。于是，他研究当初值稍微变化时，看看系统的最终结果如何变化，并以此来作为稳定性的判据。更具体地说，我们可以将系统的最终结果 $x_{无穷}$表示成初始值为 x_0 的函数，并用图形画出来。系统的稳定性取决于这个函数图形的走向：它是更接近图 3.12 中的哪一种曲线呢？是向下指数衰减（$\lambda < 0$），还是向上指数增长（$\lambda > 0$），还是平直一条（$\lambda = 0$）？第一种情况被认为是稳定的，第二种情况被认为是不稳定的，而 $\lambda = 0$ 则是临界状态。这里的 λ 便是李亚普洛夫指数。

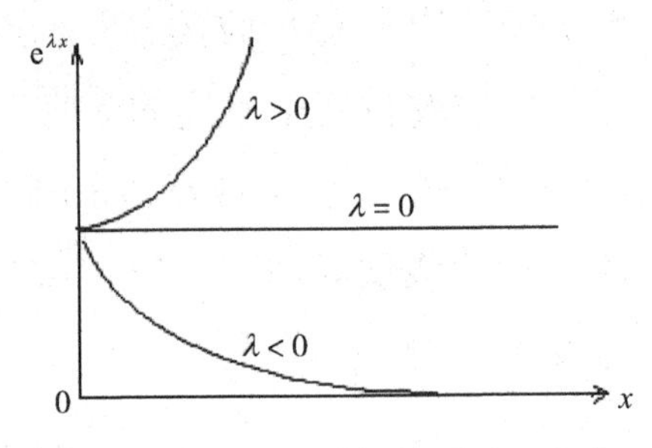

图 3.12　指数函数的性质随 λ 变化

5. 不可思议的分形[31]

对非线性微分方程用计算机进行迭代，不仅能产生不稳定的混沌现象，还能在屏幕上显示出美妙复杂变换无穷、令艺术家们也着迷的分形，见图 3.13（a）。

实际上，分形图案和上一节介绍的混沌有着密切的联系。

考虑一个很简单的非线性迭代公式，迭代的结果会产生著名的曼德勃罗集

$$Z_{n+1} = Z_n^2 + C \tag{3.10}$$

这个非线性迭代是什么意思呢？

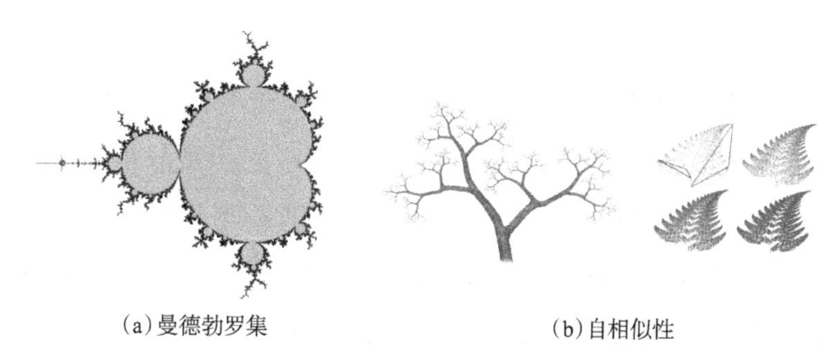

(a)曼德勃罗集　　(b)自相似性

图 3.13　曼德勃罗集和大自然中的自相似性

公式（3.10）中的 Z 和 C 都是复数。我们知道，每个复数都可以用平面上的一个点来表示，比如，x 坐标表示实数部分，y 坐标表示虚数部分。开始时，平面上有两个固定点：C 和 Z_0，其中 Z_0 是 Z 的初始值。为简单起见，我们取 $Z_0=0$，然后就有 $Z_1=C$。我们将每次 Z 的位置用亮点表示，也就是说，开始时平面上原点是亮点，一次迭代后亮点移到 C；再后，根据公式（3.10），我们可以计算 Z_2，它应该等于 $C*C+C$，亮点移动到 Z_2；再计算 Z_3，Z_4，…，Z_n，一直算下去，就像我们在前面几章中所说的用图形来做线性迭代一样，只不过在我们现在的迭代中，要进行复数的计算，而且会用到平方运算，不是线性的，因而叫作非线性迭代。

随着一次一次的迭代，代表复数 Z 的亮点在平面上的位置不停地变化。我们可以想象，从 Z_0 开始，Z_1，Z_2，…，Z_k，亮点会跳来跳去，也许很难看出它的跳动有什么规律，但是，我们感兴趣的是当迭代次数 k 趋于无穷大的时候，亮点的位置会在哪里？

说得更清楚些，我们感兴趣的只是：无限迭代下去时，亮点的位置趋于两种情形中的哪一个？是在有限的范围内转悠呢？还是会跳到无限远处不见踪影？因为 Z 的初始值固定在原点，显然，无限迭代时 Z 的行为取决于复数 C 的数值。

这样，我们便可以得出曼德勃罗集的定义：所有使得无限迭代后的结果能保持有限数值的复数 C 的集合构成曼德勃罗集。在计算机生成的图 3.13（a）中，用黑色和灰色表示的点就是曼德勃罗集。

不过，计算机作迭代时，不可能作无限多次，所以实际上，当 k 到达一定的数目，就可以当作是无限多次了。判断 Z 是否保持有限，也是同样的意思，当 Z 离原点的距离超过某个大数，就算作是无穷远了。

有趣的是，曼德勃罗集的边界有着令人吃惊的复杂结构，看不到一条清晰的边界，属于“曼德勃罗集合”的点和“非曼德勃罗集合”的点以很不一般的方式混合在一起，你中有我，我中有你，黑白一点也不分明。

分形的最重要特征之一，是它的图形的自相似性。就是说，当你把图形的一个局部放大，你将会看到许多与原来图形或者与原来图形的一部分相似的图形，再放大，你又会看见同样的相似图形。这有点像我们常见的一种蔬菜：花菜。花菜的一个部分看起来与整体便是一个相似的图形。实际上，这种自相似的特点在大自然中经常见到，除了植物中的树枝、叶子、花卉的形状之外，动物的身体结构也常有自相似的特征，或者说具有分形的特征。另外，山峰、云彩、海岸线等也都多少有分形的特点（图 3.14）。

分形在生物形态中普遍存在，不仅是动植物，在人体器官的结

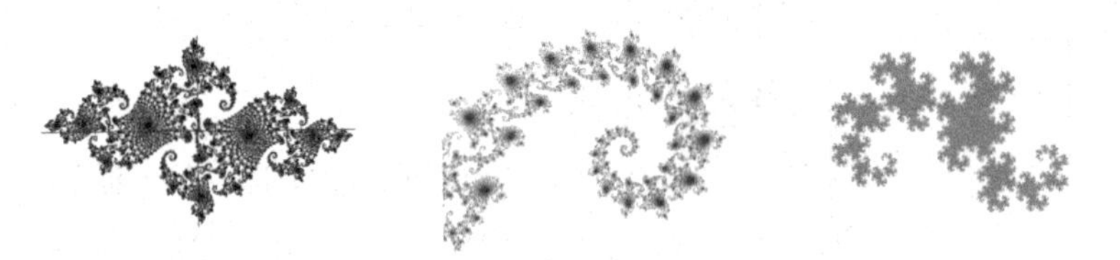

图 3.14　更多美妙的分形

构中也存在自相似性和分形图案的例子。比如，人体肺部细胞的形成类似分形树那种盘枝错节、复杂的受力网络，人脑的表面、小肠结构、血管伸展、神经元分布等都有明显的分形特征。生物学中有一种观点认为，人体中每个单元的形态结构都在不同程度上可看作是生物整体的缩影。比如，人耳的形状，便非常类似母体胚胎中卷曲的婴儿。

图 3.14 中显示出了更多的用计算机对非线性微分方程迭代后产生的美妙分形。自相似性是一种对称的特性，它符合人们追求和谐、美感的一面。因此，分形经常被广泛应用于图案、建筑物等的艺术设计中。

7. 无穷小量碰到“量子”

微积分是与无穷小量相关的数学，物理是与实验和实际观测分不开的科学，它的研究对象“上穷碧落下黄泉”，从巨大无比的天体，到比原子尺寸还小的微观世界。这其中各个领域的规律都被各种类型的微分方程主宰着。

量子理论和相对论是 20 世纪诞生的两个最重要物理理论。对于经典物理学来说，它们是一场脱胎换骨的观念上的革命。这两个理论都分别产生了许多与日常经验大不符合的奇端异说：玄妙的量子现象使人迷惑、相对论时空观念导致佯谬无数。尽管如此，因为量子和相对论的效应只在一定尺度上才有明显的效应，所以日常经验与这两种理论大多数情况下相安无事：相对论多被用于高速运动的情形，或者用于解释宏观的天文现象；量子物理则在微观世界大展身手，但在人们日常生活所涉及的范围，原来的牛顿经典物理学仍然适用。

量子力学的数学模型仍然是微分方程。在量子力学中最重要的微分方程叫作薛定谔方程，是以著名物理学家薛定谔的名字命名的。量子力学和牛顿力学的物理概念大不相同，微分方程的形式也完全不一样。比如说，根据牛顿第二定律，一个质量为 m 的物体，在 3 维空间运动的微分方程为 $F=ma$，其中 a 是加速度，是位置对时间的二阶导数，此方程积分便可得到粒子的运动轨迹。

因此，3 维空间中单个粒子的牛顿方程的解是粒子在空间的位置。将位置表示成时间的函数 $x(t)$、$y(t)$、$z(t)$ 后可以画出空间一条曲线，即粒子的运动轨迹。

但是，在量子力学中，单个粒子在 3 维空间的薛定谔方程为

$$\mathrm{i}\hbar\frac{\partial}{\partial t}\psi=-\frac{\hbar^2}{2m}\nabla^2\psi+V(x,y,z)\psi \tag{3.11}$$

其中，ψ 是粒子的波函数，m 是粒子的质量，$V(x,y,z)$ 是位置空间中的势能函数，其微分后相当于牛顿力学中的力。

方程（3.11）中的未知函数是波函数 ψ，波函数是什么呢？它是位置和时间的函数，应该写成 $\psi(t,x,y,z)$。所以，在量子力学中，单个粒子的运动方程是波函数关于时间和位置变量的偏微分方程。这个方程，也就是薛定谔方程求解之后得到的解，不是空间的一个轨迹，而是弥漫于整个空间中的一个“波”。

这个概念与经典粒子在任何时刻具有确定位置的概念是完全不一样的。在经典物理中，对于给定的时刻 t_0，粒子有确定的位置 $x(t_0)$、$y(t_0)$、$z(t_0)$，但量子力学中不是这样，对于给定的时刻 t_0，从粒子的薛定谔方程解出后得到的是 $\psi(t_0,x,y,z)$，即使固定了 t_0，ψ 仍然是 x,y,z 的函数。对 x,y,z 的任何数值，ψ 都有一个值与其对应，

这也就是刚才说的，弥漫于整个空间中的一个“波”的意思。

粒子没有了准确的位置，变成了一个“波”。那么，在时刻 t_0，粒子到底在哪儿呢？对这个问题的回答，物理学家们说法不一、莫衷一是。有些人说，粒子同时在空间的所有地方；有些人说，谈及粒子在何处没有意义，只有当你测量它时，位置才有意义；主张统计解释的人说，波函数是粒子出现在一定位置的概率函数，不知道粒子会出现在哪儿，只能知道粒子出现在某个位置的概率；还有一派主张“多世界”理论的人则认为粒子存在于多个世界之中。

运动粒子的波函数，可以让你稍微领略一下量子力学与经典力学的不同之处。但实际上，除了这点之外，量子力学中还有许多与我们的常规经验相抵触的、使人困惑的奇妙现象，另外还有许多奇怪的实验结果似乎也无法用经典的概念来加以解释。即便如爱因斯坦这样的天才物理学家，也不知如何应对量子世界中如同量子纠缠（spooky）那样的怪诞现象[32]。

量子力学中还有一个测不准原理，根据这个原理，我们不可能同时准确地测定出电子在某一时刻所处的位置和运动速度。尽管对量子力学有不同的诠释，但主流物理学家大多数认可波函数的概率解释。将量子力学应用到微观世界的原子模型上，便会得到和原来行星轨道模型不一样的原子图景。

氢原子是最简单的原子，薛定谔方程建立之后，科学家首先把它用于对氢原子的描述，并且大获成功。用量子力学处理原子能级与求解波函数时，氢原子是量子力学中唯一能够求得精确解析解的情形，对其他的复杂原子，就需要借助计算机的帮助了。

总而言之，在量子力学的原子模型中，绕核运行的电子只有波函数，没有什么固定的轨道。在一个给定时刻，每一个电子都可以在空间中的任何一点出现，只不过在每个点出现的概率并不是一样的，在某个给定位置出现的概率与电子在这点的波函数的平方成正比。这样的话，原来经典的原子行星模型变成了电子云模型，如图3.15所示。也就是说，某个电子可能在原子周围的某些位置出现的概率大一些，某些位置出现的概率小一些。由于电子在原子核外很小的空间内作高速运动，又不能描画出它的运动轨迹，因此，人们便想象用一种类似“云”一样的模型来描述电子的概率，设想电子在原子核外形成了一层疏密不等的“云”。模型中“云”的密度表示电子在该处出现的概率的大小。概率越大，密度则越大，反之亦然，人们形象地称此模型为“电子云”模型。比如说，在量子数1s的状态下，波函数对应的电子云呈球形对称分布，原子附近电子出现的概率密度最大，由里向外的概率密度逐渐减小，其电子云形状如图3.15（b）的左上图所示。原子的“电子云”模型沿用至今，并且，现代实验技术的发展到了堪称神奇的地步，借助扫描隧道显微镜技术，科学家们已经直接观察到了原子和电子云。

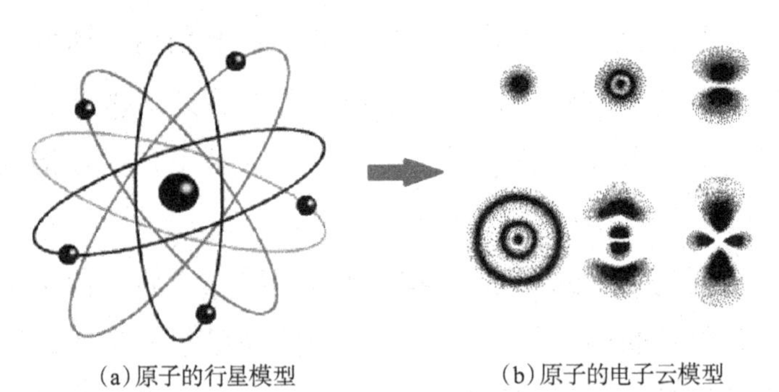

(a)原子的行星模型　　(b)原子的电子云模型

图3.15　在量子力学中，原子的行星模型被电子云模型代替

量子力学中除了薛定谔方程之外，还有一个著名的狄拉克方程，它同样也是关于波函数的偏微分方程，这是狄拉克在考虑电子运动

的相对论效应后得到的量子力学方程。

人人都追求美，物理学家也不例外，但到底什么是物理学的美，什么又是数学之美，这都是一些模糊的概念，或者说只是一种感觉，只能意会，不能言传，数学家和物理学家也难以赋予它们任何科学而精确的定义。

狄拉克可算是物理学家中追美的第一人，他清心寡欲，别无他求，唯独追求的是理论之美。有他的名言为证：使一个方程具有美感，比使它去符合实验更重要。

狄拉克导出他著名的狄拉克方程后，为了追求他的理论数学美，而做出了一个被称为“狄拉克海”的美丽假设，预言了当时并不存在的、似乎显得有些荒谬的正电子。

预言不存在的东西，犹如第一次吃螃蟹，是要有点冒险精神的。不过，狄拉克为了他的理论之美，别无选择。

后来，经过众多物理学家的努力，终于发现了正电子以及其他各种反粒子。数学物理确实威力无穷：对狄拉克方程的研究，预言了反粒子；对标准模型的研究，预言了“上帝粒子”。这些预言后来都被实验所证实。科学史上的多次事实证明：成功的预言能够充分地体现美丽理论的强大魅力。

8. 电磁波的颂歌

1854 年的某一天，英国剑桥大学正在进行史密斯奖（Smith's Prize）的考试。该奖从 1769 年开始，届时已经举行了八十余次，由剑桥大学颁发给从事理论物理、数学以及应用数学研究工作的两名杰出的学生。

主考官是当时已经颇为著名的英国物理学家兼数学家乔治•斯

托克斯（Sir George Stokes，1819~1903年）。斯托克斯当时正在思索他的剑桥好友加同行威廉•汤姆森4年前写给他的一封书信中提到的一个问题，这个问题后来被称之为“斯托克斯定理”，与一个矢量场对曲面的表面积分以及该矢量场沿着表面边界的曲线积分有关。实际上，我们在本书第2章第5节中提到过这个定理，它与格林定理、微积分基本定理有着本质上的联系。但是，这个定理在当时从未出现在任何公开文献中，使得斯托克斯这位大师困惑了好一阵子。在考前出题时，斯托克斯灵机一动，将这个问题作为第8题加到了这次史密斯奖考试的试题中。

令斯托克斯意想不到的是，有一名学生居然在考试这段短短的时间内完整地证明了这个定理，这个学生就是麦克斯韦（James Clerk Maxwell，1831~1879年）。考试的结果使麦克斯韦获得了甲等数学优等生第二名，也使斯托克斯对他刮目相看。

同一年，23岁的麦克斯韦在剑桥完成了研究生的学业，并对电磁学产生了浓厚的兴趣。他意气风发，雄心勃勃，按照麦克斯韦自己的话说，他要向电进军“Wish to attack Electricity”。1860年，麦克斯韦到伦敦第一次拜见了将近70岁的电磁学大师法拉第，这位快活风趣而又和蔼可亲的科学老前辈的魅力和风度迷住了麦克斯韦，从此两人结下忘年之交，共同攻克电磁学难关，最后由麦克斯韦总结创建了著名的经典电磁场方程。

$$\nabla \cdot \mathrm{E} = \frac{\rho_v}{\varepsilon} \qquad \text{（高斯定律 → 电场有源）} \qquad (3.12)$$

$$\nabla \cdot \mathrm{H} = 0 \qquad \text{（高斯磁定律 → 磁场无源）} \qquad (3.13)$$

$$\nabla \times \mathrm{E} = -\mu \frac{\partial \mathrm{H}}{\partial t}$$ （法拉第定律 ➜ 变化的磁场产生电场）

（3.14）

$$\nabla \times \mathrm{H} = \mathrm{J} + \varepsilon \frac{\partial \mathrm{E}}{\partial t}$$ （安倍定律 ➜ 变化的电场产生磁场）

（3.15）

对有些读者来说，上面的麦克斯韦方程可能看起来枯燥无味，4 个公式中似乎都是些看不懂的数学符号。其实，这几个方程已经够简化了，我们并不想在这儿详细研究它们，只想解释一下其中每个符号和变量到底表示的是些什么。

毋庸置疑，这几个貌似枯燥的微分方程对我们人类社会可是功劳不小。电磁波——现代文明社会离不开的东西，就是从这几个方程中飞出来的。可以毫不夸张地说，4 个麦克斯韦方程为我们人类的文明社会唱出了千百首不朽的颂歌。

这一组微分方程的未知函数有两个：E 和 H，它们分别代表电场和磁场。但是，因为电场和磁场都是空间中的矢量场，矢量是既有大小又有方向的物理量，所以 E 和 H 每一个都有 3 个分量，总共便是 6 个函数。方程中的其他字母表示的物理量都是常数，或者是给定的已知函数。

到此，我们的术语中已经很多次提到“场”这个字眼，诸如：电场、磁场、矢量场。那么，我们就顺便解释一下什么叫作“场”。

可以给予“场”一个简单的物理定义：凡是在空间中（广义的空间），每一点都有的一个物理量，就叫作“场”。构成“场”的物理量，可以是标量、矢量还有下一章中将会介绍的张量。比如说，地球表面大气的温度，可以说每点都不一样，就是一个标量场；天体附近的引力，电荷和电流附近的电磁力等便是矢量场。从中学物理可知，电场为单位电荷所受的力，力是既有大小也有方向的矢量，磁场也类似。所以，电场、磁场都是矢量场。

从矢量场可以定义一些与微积分有关的数学运算，这些数学运算属于矢量分析的范围，其中也包括了麦克斯韦 4 个方程中所用的两个数学符号：散度和旋度。比如，电场的散度和旋度，分别记为：$\nabla\cdot E$ 和 $\nabla\times E$。

在 3 维直角坐标系 xyz 中，设向量场 A 表示为分量形式

$$A(x,y,z)=P(x,y,z)\mathrm{i}+Q(x,y,z)\mathrm{j}+R(x,y,z)\mathrm{k}$$

其中的 i，j，k 分别是 x 轴、y 轴、z 轴方向上的单位向量，那么向量场 A 的散度是一个标量

$$\mathrm{div}\,A=\nabla\cdot A=\frac{\partial P}{\partial x}+\frac{\partial Q}{\partial y}+\frac{\partial R}{\partial z}$$

而旋度仍然是一个矢量，被定义为

$$\mathrm{curl}\,A=\nabla\times A=\left(\frac{\partial R}{\partial y}-\frac{\partial Q}{\partial z}\right)\mathrm{i}+\left(\frac{\partial P}{\partial z}-\frac{\partial R}{\partial x}\right)\mathrm{j}+\left(\frac{\partial Q}{\partial x}-\frac{\partial P}{\partial y}\right)\mathrm{k}$$

散度和旋度的直观几何意义，如图 3.16 所示。

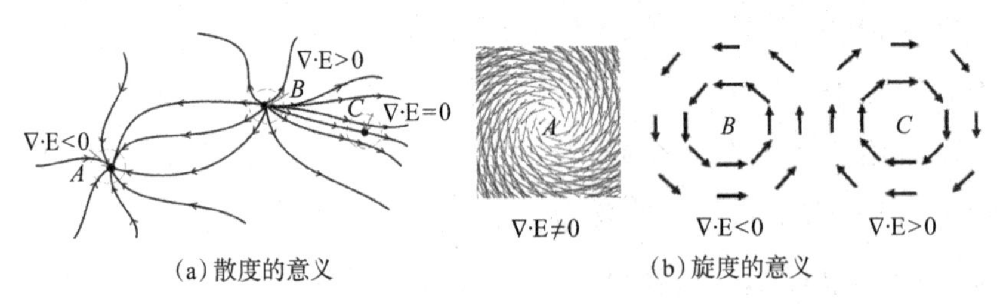

(a) 散度的意义　　(b) 旋度的意义

图 3.16　散度和旋度的几何意义

对于一个 2 维矢量场，每一点的矢量值可以用一个 2 维图中的小箭头表示，这些小箭头连起来形成 2 维图中有方向的力线。图 3.16（a）中的 *A* 点附近，力线的方向都是指向 *A* 点的，而在 *B* 点附近，力线的方向都是从 *A* 点指向外的。如果将这些力线类比于水流的流线的话，*B* 点就像是水源，*A* 点就是水向外流的下水道。在这样的 *A* 点，计算可知，力场的散度为负值；而像 *B* 点那种力线向外流出的点，力场的散度则为正值。图 3.16（a）中还有另外一类点，比如 *C* 点，如果在 *C* 点附近画一个小圈的话，就可以直观地看出，这个小圈中流进和流出的水量是相等的，这种情况对应的散度为 0。实际上，在图 3.16 中，散度不为 0 的地方只有 *A* 和 *B* 两个孤立点，其他点的散度都为 0。

旋度不为 0 意味着力线呈螺旋状，如图 3.16（b）所示。

这样，我们再回到麦克斯韦方程就比较容易理解了。第一个公式（3.12）描述的是电场的散度，它正比于电荷密度 ρ，这说明电场是有源场的，电荷就是电场的源泉；从公式（3.13）可知，磁场的散度为 0，是无源场，这意味着没有磁荷存在；公式（3.14）描述的是电场的旋度，它与磁场对时间的偏导数有关，意味着变化的磁场能产生电场。同样，变化的电场以及电流能产生磁场，因为磁场的旋度由电场的变化以及电流决定。

第4章

几何上的无穷小

“物质告诉时空如何弯曲，时空告诉物体如何运动。”

——约翰·惠勒

1. 既古老又现代的几何学

几何是一门古老的学科。恐怕没有哪一门学科像欧几里得几何学那样，在公元前就已经被创立成形，历经两千多年，至今还活跃在课堂上和数学竞赛试题中。尽管目前中国的中学教育已经不再把平面几何当作必修课，一些学校也删减了许多内容或者干脆取消了该门课程，但在20世纪60~80年代，中国学生平面几何的水平肯定算是世界上比较高的。笔者还清楚地记得，解决平面几何难题是本人中学时代的最爱。我们高中的数学老师兼班主任是一个刚从师范毕业的年轻人，对数学教学充满热情。我们印象颇深的是他在黑板上画圆的绝活，他手握粉笔一挥一就，一笔下来，立刻在黑板上出现了一个规整的圆圈，用目测法很难看出这不是圆规画出来的。在他的影响下，我们班一半人都变成了数学迷、几何迷，大家在几何的世界中遨游，从中体会到数学的奥妙，也感受到无限的乐趣。那两年，在教室的黑板上、课桌上，室外的石头边、树墩上，操场的篮球架上，随处可见同学们为思考几何题而画出来的三角形、直线和圆圈。也许总体而言，中国式的教育方法忽略了发展学生改革创新的能力，但我深信，那个时代我们解决思考的无数道数学几何难题对训练我们的空间想象能力、逻辑推理能力起了非常重要的作用。

纵观科学史，牛顿、爱因斯坦等都是伟人，欧拉、高斯等伟大的数学家也可以列出不少，但恐怕很难找出像欧几里得这样的科学家，从两千多年前起一直到现代，人们还经常提到以他的名字命名的“欧几里得空间”“欧几里得几何”等名词，真可谓“名垂千古而不朽”了。

欧几里得的巨著《几何原本》[33]（1607 年，徐光启翻译为中文[34]），不仅被人们誉为有史以来最成功的教科书，而且在几何学发展的历史中也具有重要意义。其中所阐述的欧氏几何是建立在 5 个公理之上的一套自洽而完整的逻辑理论，简单且容易理解。它标志着在两千多年前，几何学就已经成为一个有严密理论系统和科学方法的学科。

继欧几里得之后，16 世纪法国哲学家、数学家笛卡儿（1596~1650 年）将坐标的概念引入几何，建立了解析几何。

就平面几何而言，引入坐标的概念就是使用 x，y 来表示点、线、圆等图形在平面上的相对位置，因而可以方便地应用解析的方法来处理几何问题。如此一来，几何问题便成为代数问题。这种处理方法使几何问题变得简单容易多了。说起来可笑，这种简单容易的方法反而使原来痴迷于求解平面几何难题的中学生们在学了解析几何之后，颇有一种失落感。因为解析几何使几何问题有了规范的解法，几何不再具有原来的魅力，之前如此有趣的几何学被“解析”之后，突然间变得黯然失色、索然无味。

当然，谁也无法否认解析几何的诞生是几何学发展的一个重要里程碑。解析几何不仅能处理欧氏几何中的平面问题，还能解决 3 维空间的问题，以及更高维空间的几何问题。比如说在 2 维和 3 维空间中，解析几何可研究的图形范围大大扩大。对平面曲线来说，欧氏几何一般只能处理直线和圆，而现在有了坐标及函数的概念之后，直线可以用一次函数表示，圆可以用二次函数表示，二次函数不仅能够表示圆，还能表示椭圆、抛物线、双曲线等其他情形。除此之外，解析几何还可以用一个任意的方程式 $f(x,y)=0$ 来表示所有的平面曲线，这些都使欧氏几何学望尘莫及。如果论及 3 维空间的话，在解析化之后，解析几何还能用 3 维坐标（x,y,z）和它们的代数方程式表示各种各样的空间曲线和奇形怪状的曲面。进一步扩展到更高维的空间，欧几里得几何就更无用武之地了。

再到后来，数学的各个方面都有了巨大发展，因为牛顿和莱布尼茨发明了微积分，这是科学上的一件大事，使得当时整个数学和物理都改变了面貌。那么，微积分对几何学的发展又有何种影响呢？

数学家们自然地将微积分这个强有力的工具用来研究几何学。实际上，微积分和几何的联系还更紧密一些，微积分的诞生也是得益于几何研究的，两者相互影响和发展。无穷小量跳到了几何图形上，被数学家们称为“微分几何”。因此，微积分诞生之后不久，便有了“微分几何”这门新学科的萌芽。

法国数学家亚历克西斯·克莱洛（Alexis Clairaut，1713~1763 年）是微分几何的先行者之一[35]。克莱洛是个名副其实的神童，但也是他母亲生下的 20 个子女中唯一一个长大成人的。在身为数学教授的父亲的严格管教和高标准要求下，克莱洛 9 岁开始读《几何原本》，13 岁时就在法国科学院宣读他的数学论文。

之后几年，克莱洛迷上了空间曲线，他用曲线在两个垂直平面上的投影来研究空间曲线，且第一次研究了空间曲线的曲率和挠率（当时被他称之为双重曲率）。1729年，16岁的克莱洛将他的研究结果提交给法国科学院并以此申请法国科学院院士的资格（图4.1），但当时未得到国王的立即认可。不过，两年后，克莱洛发表了《关于双重曲率曲线的研究》一文，文中他公布了对空间曲线的研究成果，除了提出双重曲率之外，他还认识到在一个垂直于曲线的切线的平面上可以有无数多条法线，同时他给出了空间曲线的弧长公式以及曲面的几个基本概念：长度、切线和双重曲率。这一年，18岁的克莱洛成为法国科学院有史以来最年轻的院士。

曲率和挠率是什么？我们先从平面曲线来认识曲率。

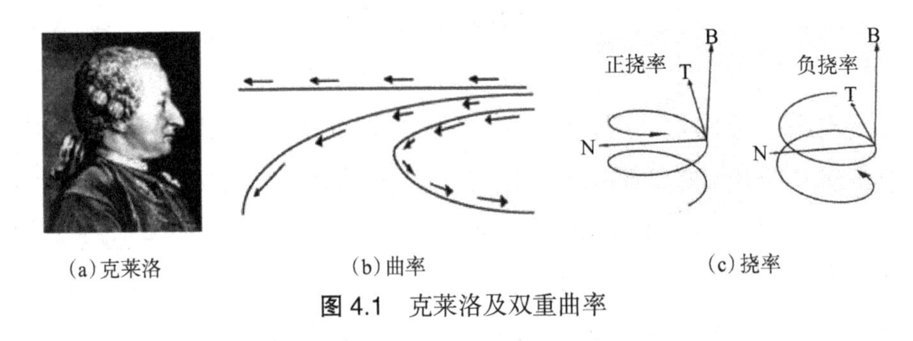

(a)克莱洛　(b)曲率　(c)挠率

图4.1　克莱洛及双重曲率

我们首先需要引进曲线的切线，或称之为切矢量的概念，切矢量即为当曲线上两点无限接近时它们的连线的极限位置所决定的那个矢量。图4.1（b）中所标示的所有箭头，便是曲线的切矢量在曲线上各个点的直观图像。然后，从图中切矢量沿着曲线的变化规律可以得到曲率的直观概念：曲率表征曲线的弯曲程度。比如说，图4.1（b）中最上面的一条线是直线，直线不会拐弯，其弯曲程度为0，即曲率等于0。这个0曲率与切矢量的变化是有关系的，看看直线上的箭头就容易明白了：所有箭头的方向都是同向的。也就是说，曲率就是切矢量方向的变化率或切矢量的旋转速率。直线上的切矢量方向不变，不旋转，对应于曲率为 0。再看看图 4.1（b）中下面两条曲线，当弧长增加时，切矢量不断旋转，曲线也随之而弯曲，切矢量旋转得越快，曲线的弯曲程度也越大。所以，曲率的几何意义就是曲线的切矢量对于弧长的旋转速度。

在描述切矢量时，我们说它是“连线的极限位置所决定的那个矢量”，这里我们很轻松地用上了“极限”的概念，诸位也毫不费力地就理解了它，因为大家学过了微积分。但是，在克莱洛的年代，计算曲率可不是那么轻松容易的，这个十几岁的神童天才般地把微分的思想用于研究曲线，首次得到了这个结果。不仅如此，克莱洛还将微积分思想用于空间曲线。对一条平面曲线来说，如果每一点的曲率都确定了，这条曲线的形状便确定了。比如说，很容易直观地看出，一个圆上每个点的曲率都是一样的，等于它的半径的倒数。圆的半径越小，倒数则大，因而曲率便也越大；圆的半径越大，曲率则越小。因此，圆是等曲率的曲线，那么，现在我们考虑图 4.2（a）所示的平面螺旋线。由于平面螺旋线从内看到外，近似于一个一个从小到大的圆，所以，它的曲率是中心大边沿小。

我们可以将这个平面螺旋线想象成一个被压到平面上的锥形弹簧，如果压力撤销之后，锥形弹簧恢复它的 3 维形状如图 4.2（b）

(a) 平面螺旋线
挠率为0

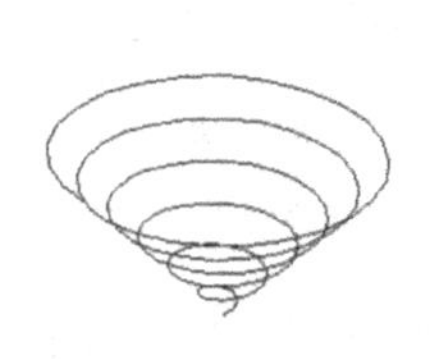

(b) 空间伸展后
挠率不为0

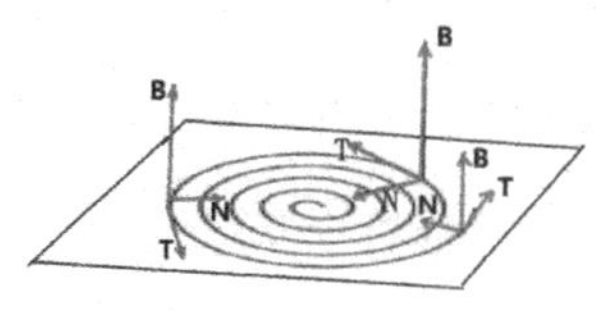

(c) 平面曲线次法线B
方向垂直于平面

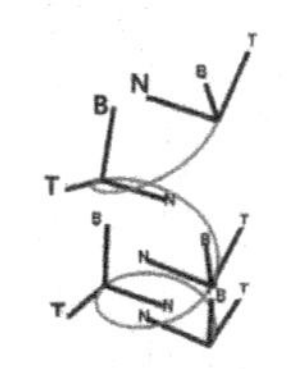

(d) 空间曲线次法线B
方向逐点变化

图 4.2　空间曲线的挠率

所示，这便得到了一条 3 维曲线。

首先，我们研究一下将平面螺旋线放在 3 维空间中的情形。如图 4.2（c）所示，这时可以在曲线的每一个点定义一个由 3 个矢量组成的 3 维标架。令曲线的切线方向为 T，在曲线所在的平面上有一个与 T 垂直的方向 N。如果对于圆周来说，N 的方向沿着半径指向圆心，N 被称之为曲线在该点的主法线。为什么在法线的前面要加上一个“主”字呢，因为与切线 T 垂直的矢量不止一个，有无穷多个，都可以称为曲线在该点的法线，这些法线构成一个平面，叫作通过该点的法平面。刚才说过，这个事实首先是被小天才克莱洛认识到的。这所有的法线中，有一条是比较特别的，对平面曲线来说就是在此平面上的那一条法线，被称为主法线。有了切线 T 和主法线 N，使用右手定则可以定义出 3 维空间中的另一个矢量 B，B 也是法线之一，称之为次法线。从图 4.2（c）很容易看出，螺旋线上每个点的切矢量 T 和主法线 N 的方向都逐点变化，唯有次法线 B 的方向不变。一般的平面曲线也是如此，次法线的方向永远垂直于曲线所在的平面，因此，一条平面曲线上每个点的次法线都指向同一个方向，即指向与该平面垂直的方向。

一般的空间曲线情况则有所不同。想象一下让平面螺旋线中的每一圈逐渐从原来所在的平面慢慢被拉开，这时候，每一点次法线的方向便会从原来的垂直线逐渐发生偏离。也可以说，次法线的方向代表了与曲线“密切相贴”的那个平面，在一般 3 维曲线的情形下，这个密切相贴的平面逐点不一样，被称为曲线在这个点的“密切平面”。如图 4.2（d）所示，对一般的 3 维曲线而言，曲线上不同的点，三个标架 T、N、B 的方向都有所不同，每一点的次法线 B 的方向也会变化，不过它仍然与该点的密切平面垂直。

克莱洛注意到空间曲线与平面曲线的不同，认为需要用另外一个曲率，即后人称之为“挠率”的几何量来表征这种差别。换言之，挠率可以表示曲线偏离平面曲线的程度，被定义为次法线 B 随弧长变化的速率。

2. 弯路上加速运动的汽车

如果分析空间中常见的规则曲线，可以在整个空间中引入一个固定的坐标系，比如在欧几里得空间中常用的直角坐标系或极坐标系。如果将空间曲线设想为一个粒子在空间运动的轨迹的话，一条曲线可以用以时间为参数的 3 个方程式来表示：$x = X(t)$、$y = Y(t)$、$z = Z(t)$，$X(t)$、$Y(t)$、$Z(t)$ 是给定的函数。当时间 t 变化时，粒子的坐标 x，y，z 也随之变化，如此就在空间画出了一条曲线，这种方法叫作将曲线“参数化”。参数化的曲线可以比较方便地进行微积分运算，只需要对参数进行微分即可。具体地说，在平面几何中，用时间 t 来将曲线参数化，但在微分几何的研究中，一般是将曲线用曲线自己的弧长 s 来参数化。实际上，弧长与时间互相关联，因为弧长是粒子走过的距离，因而它可以用时间乘以速率积分后得到。但这个积分一般不是一个简单的函数，因此 t 和 s 的关系一般也无法简单表示。

用弧长将曲线参数化，涉及微分几何研究中的一个重要概念：内蕴性，以后讨论曲面几何时还会经常提到它。

此外，解析几何中使用的固定坐标系不方便分析任意形状的曲线。微分几何中分析曲线最重要的工具之一是 Frenet 标架，它以法国数学家兼天文学家弗莱纳（Jean Frenet，1816~1900 年）的名字命名。弗莱纳标架是一个活动标架，实际上就是我们提到过的由曲线每一点的切线 T、主法线 N、副法线 B 组成的一个垂直框架。这个框架跟随曲线移动，在曲线的每一点，框架所指的方向都可能不一样，能在曲线每一点附近给出“最合适”的坐标系。

图 4.3 显示当一个动点沿着 3 维空间的一条闭合曲线移动时的 Frenet 活动标架。Frenet 活动标架只针对 1 维的曲线而言，后来，著名的法国数学家嘉当（Elie Cartan，1869~1951 年）作了一个极大的推广，将其推广到微分流形最一般的情形，创立了活动标架法，使其能方便简洁地处理 n 维流形上抽象的微分几何问题。

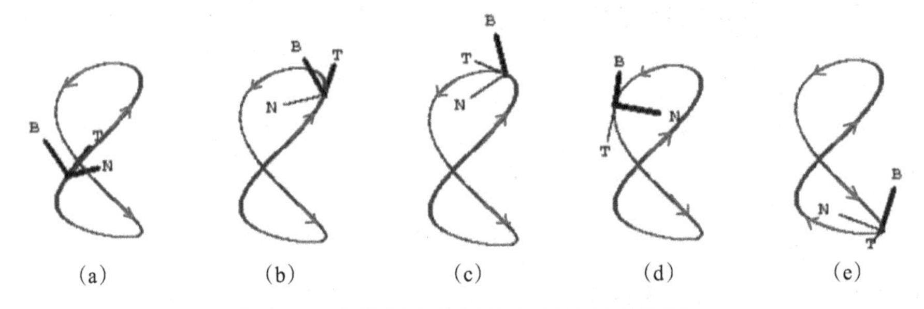

图 4.3 曲线微分几何的弗莱纳活动标架

分析曲线时所用的 Frenet 活动标架，箭头表示标架移动方向

弗莱纳在他的博士论文中提出了弗莱纳公式，描述了曲线的弗莱纳标架中的 3 个单位标架矢量 T、N、B 与曲线在该点的曲率和挠率的关系，根据曲线基本定理，曲率和挠率这两个微分不变量的信息完全确定了该曲线。

$$\frac{\mathrm{dT}}{\mathrm{d}s}=\kappa \mathrm{N} \tag{4.1}$$

$$\frac{\mathrm{dN}}{\mathrm{d}s}=-\kappa \mathrm{T}+\tau \mathrm{B} \tag{4.2}$$

$$\frac{\mathrm{dB}}{\mathrm{d}s}=-\tau \mathrm{N} \tag{4.3}$$

1 维曲线的曲率、挠率、TNB 活动标架等，其实是我们在日常生活中经常能体验到的事物。比如说，你一定有过坐汽车在山路上行驶的经验。那弯弯曲曲的路线就是一条条不规则的 3 维空间曲线，每条路线上每一个不同的点都有不同的曲率和挠率。每一个行驶在路上的汽车，可以将其设想一个随之运动的 TNB 活动标架，如图 4.4 所示。

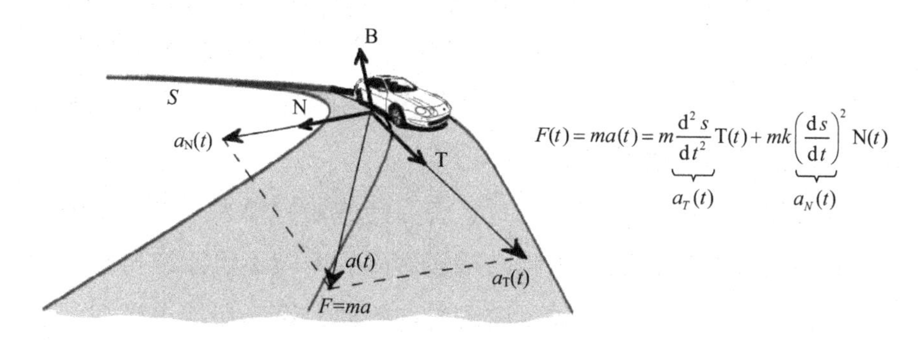

图 4.4　行驶在弯曲公路上的汽车

根据我们现有的 1 维曲线的微分几何知识，可以分析一下沿着弯路行驶的汽车的加速度 $a(t)$。

为简单起见，我们只考虑在水平弯路上行驶的汽车，也就是说，弯路的曲线被限制在一个平面上，这时只有曲率 κ 没有挠率 τ，汽车的速度 v 应该总是沿着切线 T 的方向 $v(t)=(ds/dt)T$。

这里的 s 是汽车走过的路程，也就是公路曲线的弧长，加速度 $a(t)$ 是速度对时间的导数，利用乘积求导数的规则，并考虑单位切矢量方向的变化率是曲率这一点，$a(t)$ 实际上就是公式（4.1）所描述的，并且最后可以将加速度矢量表示为 T 和 N 两个方向的分量的叠加

$$a(t)=\frac{\mathrm{d}^2 s}{\mathrm{d}t^2}\mathrm{T}(t)+\kappa\left(\frac{\mathrm{d}s}{\mathrm{d}t}\right)^2\mathrm{N}(t) \tag{4.4}$$

根据牛顿第二定律 $F=ma$，加速度与作用力成正比。因此，行驶在弯曲公路上的汽车受到的作用力 F 也可以分解成 T 和 N 两个方向。

沿切线 T 方向的作用力是驱使汽车前进的动力，与标量速率（汽车速度表指示的数值）对时间的变化率有关。沿主法线 N 方向的作用力也被称为向心力，是由于路径弯曲而引起的，与路径的曲率 κ 成正比，也与标量速率的平方成正比。

驾驶员希望向心力小一些，前进方向的动力更大一些，因为如果向心力太大的话，汽车轮胎与路面之间的摩擦不足以维持它，就会使得汽车打滑而造成事故。前进方向的动力可以保持汽车有一定大小的前进速度来顺利驶过这段弯路。向心力的两个决定因素之一曲率 κ，即路径的弯曲度，不是驾驶员能够改变的，驾驶员能够控制的是标量速率和标量加速度。因而，为了防止打滑，驾驶员必须减小在弯道上行驶时的标量速率，还必须保持一定的标量加速度，以使汽车有足够的动力来驶过这段路程。这就是为什么在到达弯路之前，路旁的警示牌就会提醒你减速。当你减低速度驶上弯路之后，有时还需要适当地慢慢踩一下油门来维持一定的标量加速度。

3. 平方反比率

当年，18 岁的克莱洛因为对空间曲线曲率和挠率的研究而被选入了法国科学院，在那里，他与皮埃尔•莫佩尔蒂成了好朋友。莫佩尔蒂虽然比克莱洛大 15 岁，在当时也算是一名相当年轻的科学院院士，他后来因为研究最小作用量原理而成名，我们曾经在第 1 章中提到过他在这方面的贡献。那个时代，在欧洲的数学界和物理界，小天才颇多，年轻学子意气风发、英雄辈出。比克莱洛大 5 岁的欧拉以及比克莱洛小 5 岁的达朗贝尔都是在十二三岁的小小年纪就进了大学。之后，这 3 个人在研究牛顿引力定律的过程中还演绎了一些值得回味的故事。

引力是一种颇为神秘的作用力，它存在于任何具有质量的两个物体之间。人类很早就认识到了地球对他们自身以及周围一切物体的吸引作用，但是，能够发现“任何”两个物体之间都具有万有引力，就不是那么容易了。其原因是两个普通物体之间的引力非常微弱，使得我们根本不能感知它们的存在。比较起来，电磁力就要大多了，比如我们司空见惯的摩擦生电的现象：一个绝缘玻璃棒被稍微摩擦几下，就能够吸引一些轻小的物品，还有磁铁对铁质物质的吸引和排斥作用，都是很容易观察到的现象。然而，除了巨大质量的星体产生的引力能够被观测到之外，一般物体的引力是很难被探测到的。此外，人类对引力的本质仍然知之甚少，电磁场用电磁波来传递信息，常见的光也是一种电磁波，人类可以产生、接受、控制光波和电磁波，它们已经算是某种抓得住、看得见、用得上的东西了。可是引力呢，至今仍未直接探测到引力波，我们对引力的了解还差得太远。

牛顿发现的万有引力定律是理解引力的第一个里程碑。里程碑可不是那么容易就被赋予某人的名字的，其中伴随着许多优先权之争，特别是在科学草创、规范不健全的时代。牛顿能够和常人一样感觉苹果砸到头上，却也和常人一样地无法探测一般物体之间的引力。但他凭着超强的思维能力并基于前人成果，提出了万有引力定律。万有引力定律说的是任意两个物体之间都存在相互吸引力，力的大小与它们的质量乘积成正比，与它们距离的平方成反比。其中的比例系数被称之为引力常数 G。这个常数应该是个很小的数值，但到底等于多大，当时牛顿自己也搞不清楚，一直到牛顿死后七十年左右，才被英国物理学家亨利·卡文迪许（Henry Cavendish, 1731~1810 年）用一个很巧妙的扭秤方法测量了出来。现在公认的万有引力常数大约为 $G=6.67\times10^{-11}\ N\cdot m^2/\mathrm{kg}^2$ 。从这个数值可以估计出两个 50 公斤成人之间距离 1 米时的万有引力大小只有十万分之一克。这就是为什么我们感觉不到互相之间具有万有引力的原因。

当时牛顿还研究了地球的形状，并从理论上推测地球不是一个很圆的球形，而是一个赤道处略为隆起，两极略为扁平的椭球体。由于地球的自转，地球上的所有物质都以地轴为中心做圆周运动，因而都产生惯性离心力。如图 4.5（a）所示，离心力可分解为两个分力，一是垂直于地球表面的力，一是水平分力，垂直分力不会使物质沿地表移动，而水平分力不一样。地球上所有质点，无论位于北半球还是南半球，所受的水平分力都指向赤道，因此地球上的物质便会有一种向赤道挤压的趋势，使地球变成一个扁球体而保持平

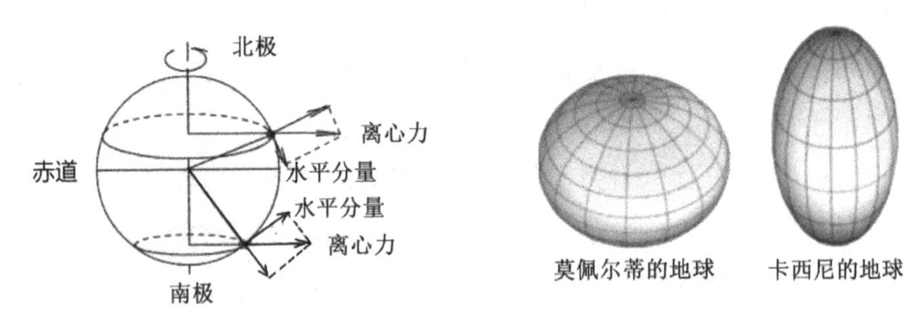

(a) 地球自转的惯性离心力

(b) 地球形状

图 4.5 地球自转对地球形状的影响

衡。对于这个结论，当时的学界有两派意见，莫佩尔蒂支持牛顿扁球体的结论，卡西尼等则根据其他一些理论，认为地球是个长椭球。为了解决对此问题的争论，莫佩尔蒂带领克莱洛等人以法国科学院测量队的名义进行了一年多的远征，对地球进行弧度测量，远征的测量结果证实了地球确实为一个扁形椭球体，赤道半径要比极半径长出 20 多公里。

克莱洛从 1745 年开始研究太阳、地球、月亮的三体问题。将牛顿定律用于解决二体问题不难，但想解决三体问题就变得异常复杂，之后经过庞加莱的研究还得知这个问题实际上与复杂的混沌现象有关。克莱洛当时特别计算了月球的轨道、远地点和近地点等。有趣的是，他的计算导致的第一个结论是认为牛顿重力理论的平方反比定律是错误的，而且还得到了不少同行的支持，其中包括大数学家欧拉。

欧拉当时将近四十，右眼失明，却是数学界的大师级人物。同时，与克莱洛同为法国人的达朗贝尔也向法国科学院提交了一份文件，文件宣布与克莱洛的结果一致。于是，克莱洛信心倍增，振振有词地建议在万有引力的平方反比定律后面，再加上与半径 4 次方成反比的一项作为修正。

然而，到了 1748 年的春天，克莱洛意识到，月球远地点的观察数据与理论计算之间的差异是来自于计算时所作的某些不太恰当的近似[36]。于是，克莱洛在 1749 年宣布，他现在的理论计算结果与平方反比定律相符合。然而，克莱洛没有对此给出详细的解释，反而采取缄口不言的策略，默默笑观欧拉和达朗贝尔两个人为此问题纠结却又不知如何重复克莱洛的计算。

欧拉最后想出一招，利用他在圣彼得堡学院的位置和威望设立了一个征奖项目，要求在1752年之前精确计算出月球的远地点。克莱洛果然上钩，他提交的答案使欧拉完全理解了克莱洛的方法。尽管欧拉为自己没有解决这个问题略感沮丧，但他高度赞赏了克莱洛的工作。

两个年轻之辈就不一样了，原本还算友好的克莱洛和达朗贝尔因此结下梁子，后来关系逐渐恶化，继而互相攻击，情势愈演愈烈。两个人本来都是数学家，但达朗贝尔更为重视理论方面，克莱洛便以此攻击达朗贝尔等理论家忽视实验，采用不靠谱的假设和分析方法来避免实验和烦琐的计算。反之，达朗贝尔则嘲笑克莱洛对三体问题的结果都是基于别人的观察资料而非像他那样，是基于自己的理论得到的。

我们如今很难用是非标准判定两人的争论。历史地看，重理论的达朗贝尔后来的名声更大一些，但在当年，克莱洛却是分外的风光。因为他继续使用自己计算三体问题的技巧，精确地预测了哈雷彗星的轨道。他于1758年11月14号宣布结果，预测哈雷彗星将于1759年4月15日返回地球，后来，哈雷彗星于1759年3月13日返回了地球，与他的预测日期只相差一个月，这是由于当时还未被发现的天王星和海王星对哈雷彗星的摄动影响没有被考虑进去，而使得克莱洛的预言产生了小小的误差。这个预言再次证实了牛顿引力理论的正确，克莱洛也因此而获得了公众的极大好评。

克莱洛在社会中的声名大振，反而阻碍了他的科学研究工作，他日夜奔波于社交场合，四处赴宴熬夜，身边常有女人陪伴。他因此而失去了休息和健康，在52岁时英年早逝。

如上所述，克莱洛、欧拉等当初都怀疑过万有引力遵循的平方反比律，其实现在看起来，这平方反比律是大有来头的。静电力和引力相仿，也遵循平方反比律，还有其他一些现象，诸如光线、辐射、声音的传播等，也由平方反比规律决定。为什么刚好是平方反比，是 2 而非其他呢？大自然似乎总是以一种高明而又简略的方式来设置自然规律，那么在平方这里它又是如何呈现它的高明之处的？时间的积累以及科学家们的努力，部分回答了这个问题。人们逐渐认识到，这个平方反比率不是任意选定的，它和我们生活在其中的空间维数为 3 有关。

在各向同性的 3 维空间中的任何一种点信号源，其传播都将服从平方反比规律，这是由空间的几何性质决定的。设想在我们生活的 3 维欧几里得空间中，有某种球对称的（或者是点）辐射源。如图 4.6 所示，其辐射可以用从点 S 发出的射线表示。一个点源在一定的时间间隔内所发射出的能量 S 是一定的，这份能量 S 向各个方向传播，不同时间到达不同大小的球面。当距离 r 呈线性增加时，球面面积 $4\pi r^2$ 却是以平方规律增长。因此，同样一份能量，所需要分配到的面积越来越大。比如说，假设距离为 r 时，场强 $I = S/4\pi r^2$，将这个数值用 1 来表示的话，当距离变成 $2r$ 的时候，同样的能量需要覆盖原来 4 倍的面积，因而使强度变成了 1/4，下降到原来的 1/4。这个

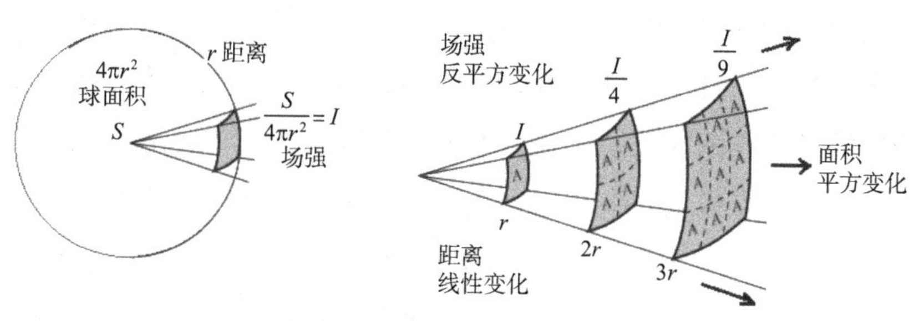

(a) 设距离 r 时，场强为 I　　(b) 距离线性变化时，场强服从平方反比率

图 4.6　点信号源的传播服从平方反比律

结论也就是场强的平方反比定律。

用现代的矢量分析及场论的观点可以对平方反比律解释得更深入一些。简略地说，服从平方反比律的场有一些“优美”的特点：是无旋的、是保守力场、是有心力场、无源处的场的散度为 0、场强可以表示为某个标量的梯度、做功与路径无关等。从场论的观点，在 n 维欧氏空间中，场强的变化与 r^{n-1} 成反比，当 $n=3$ 时，便化简到了平方反比定律。

追溯万有引力的平方反比定律的发现历史，便会扯出牛顿与逻伯特•胡克（Robert Hookie，1835~1703 年）间的著名公案。其实胡克对万有引力的发现及物理学的其他方面都做出了不朽的贡献，但现在的普通人除了有可能还记得中学物理中曾经学过一个“胡克定律”之外，恐怕就说不清楚这胡克到底是谁了。这也无可奈何，“成者为王败者寇”，学术界也基本如此。对此公案大家可能都有所闻，本人不再赘述，可阅读参考文献[37]。

4. 曲面的微分几何

用微积分的方法对曲线及曲面进行研究，除了欧拉、克莱洛等人之外，蒙日（Gaspard Monge，1746~1818 年）的工作也举足轻重。蒙日是画法几何学的创始人，他也对曲线和曲面在 3 维空间中的相关性质作了详细研究，并于 1805 年出版了第一本系统的微分几何教材《分析法在几何中的应用》。这部教材被数学界沿用长达 40 年之久，蒙日自己培养了一批优秀的数学人才，其中包括刘维尔、傅立叶、柯西等人，形成了所谓的“蒙日微分几何学派”。这一派的特点是将微分几何与微分方程的研究紧密结合起来，因而，在研究曲线和曲面微分几何的同时，也大大促进了微分方程，特别是偏微分方程理论的进展。

上一节叙述了空间曲线的曲率和挠率。曲率和挠率在空间的变化规律完全决定了这条空间曲线。3 维空间的曲面又有哪些我们感兴趣的基本性质呢？我们生活的世界就是一个 3 维空间，人们对 3 维以下空间中的现象应该是很熟悉的，即使没有受过很多数学专门训练的人，也不难理解 3 维空间中曲线和曲面的概念。如何得到一条曲线？很简单，用笔尖在纸上一画就有了，那是平面曲线。想得到空间曲线也不难，用笔尖在空间中“一画”，就能得到一条任意的空间曲线。比如说，想象一只小蚂蚁在泥土中钻来钻去，它走的路线就是一条空间曲线。换言之，空间曲线能够用一个点在空间移动而得到。那么，我们再想象一下，如果不是一个点，而是将一条曲线在空间移动的话，就应该得到一个嵌在 3 维空间的曲面了。

如果不考虑任意曲线的移动，只是将我们的想象限制在比较简单的情况下：我们将一把“尺”（直线的一段）在空间中移动，这样也能得到空间中的一个曲面。数学家们将这种由于“尺子”的移动，或者说，由于“一条直线”的平滑移动而产生的曲面，叫作“直纹面”。法国数学家蒙日对直纹面进行了许多研究。

如图 4.7（a）所示，想象一根尺子的两端 A 和 B 分别沿着曲线 C_1 和 C_2 移动，形成一个直纹面。

最简单的直纹面就是这把尺子在空中平行地移动，即尺子两端按照同样的规律移动，比如说，当尺子移动的轨迹也是一条直线的话，那就将形成一个平面。稍微复杂一点，如果尺子移动的轨迹是一条任意曲线，就将形成一个如图 4.7（b）所示的柱面；如果尺子下端移动，但上端固定不动，这时则会形成一个锥面，如图 4.7（c）所示。在图 4.7（d）中，尺子的 A 端沿着曲线 C_1 移动，并且尺子

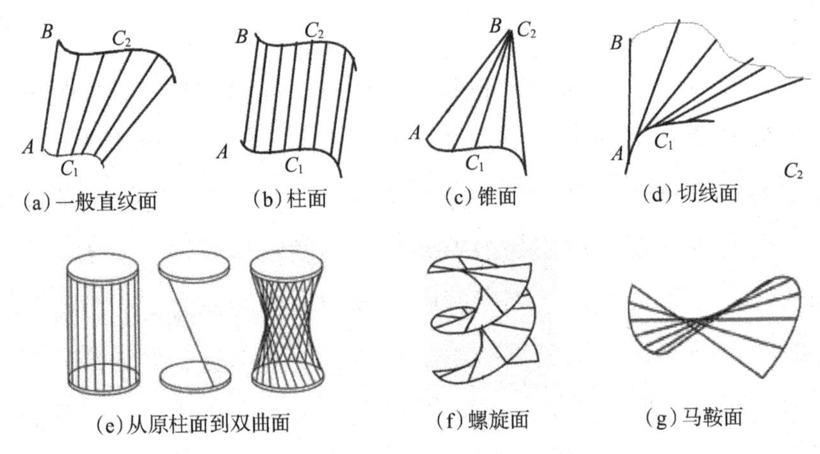

图 4.7 各种直纹面

的方向总是保持与 C_1 相切，如此而成的曲面叫作切线面。此外，还有很多其他形状的直纹面，如双曲面、螺旋面、马鞍面等。

柱面、锥面和切线面这 3 种直纹面具有一个共同的特性：它们可以被展开成平面。将一个圆柱形的纸筒沿轴向剪开，或者将一个锥形剪开到顶点，都可以将剪开后得到的图形平摊在桌面上而没有任何皱褶，这样的曲面叫作“可展曲面”。切线面也是一种可展曲面，但是，双曲面、螺旋面、马鞍面等都不是可展曲面。

数学上可以证明，可展曲面只有刚才提到的 3 种直纹面，也就是说，可展曲面都是直纹面，但直纹面却不一定可展，比如图 4.7 的双曲面、螺旋面、马鞍面等就是不可展曲面。

球面不是直纹面，球面也是不可展的。一顶做成近似半个球面的帽子，无论如何你怎么剪裁它，都无法将它摊成一个平面，这是我们日常生活中熟知的常识。

一个曲面到底是可展还是不可展？这点对物理学家来说很重要，比一个曲面是否为直纹面要重要得多。那么，我们需要知道的是：

什么几何量决定了曲面的可展性？

前面在讨论空间曲线时提到过，曲率和挠率这两个几何量决定了曲线在 3 维空间中某一点的形态。曲线与曲面的情况有所不同，所有的曲线都是可展的，一根绳子，无论弯曲成什么形状，都可以把它展开伸长成一条直线。然而，曲面不一定能展开成平面。不过，我们可以将曲线研究中定义的曲率概念扩展使用到曲面的微分几何研究中。

通过曲面上的一个给定点 G，可以画出无限多条曲面上的曲线，因而可以作无限多条切线。可以证明，这些切线都在同一个平面上，这个平面被称为曲面在这点的切平面，通过该点与切平面垂直的直线叫作曲面在这点的法线。

现在，我们通过法线可以做出无限多个平面，每一个平面都与曲面相交于一条平面曲线 C，并且，可以定义平面曲线 C 在 G 点的曲率，如图 4.8（a）所示，曲线 C_1、C_2 在 G 点的曲率分别为 Q_1、Q_2。

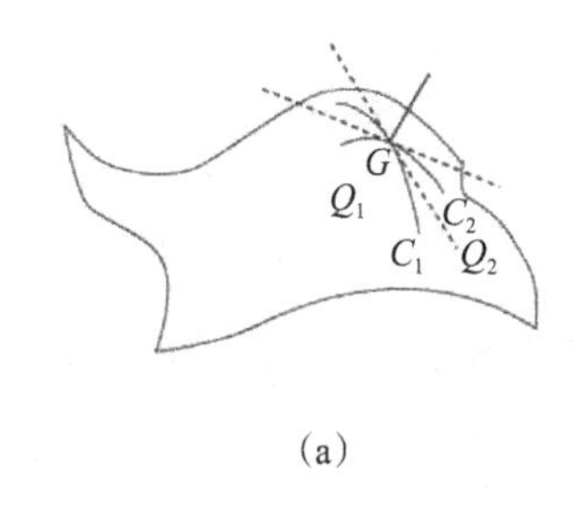

(a)

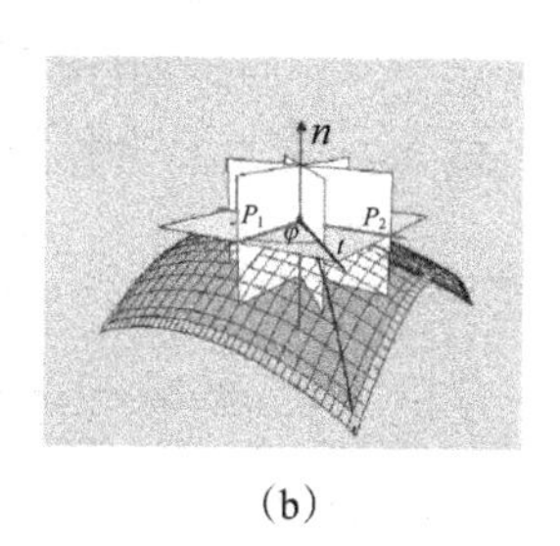

(b)

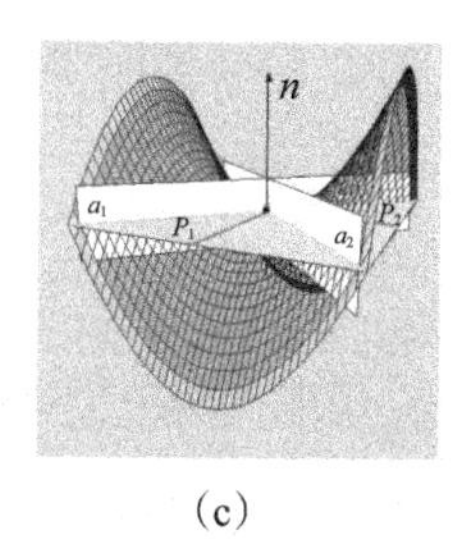

(c)

图 4.8　曲面的两个主曲率

在所有的曲率 Q_1，Q_2，…，Q_n 中找出最大值和最小值，把它们叫作曲面在点 G 的主曲率，对应于两个主曲率的切线方向（或两个法平面方向）总是互相垂直的。这是大数学家欧拉在 1760 年得到的一个结论，称之为曲面的两个主方向。从图 4.8（b）和图 4.8（c）可以看出，两个主曲率可正可负。当曲线转向与平面给定法向量相同方向时，曲率取正值，否则取负值。此外，将这两个主曲率相加除以 2，可定义曲面在点 G 的“平均曲率”，通常用 H 表示，$H=(Q_1+Q_2)/2$。

5. 肥皂膜上的几何

孩子们都喜欢用肥皂水吹泡泡，一个个大大小小的圆球从管子口吹出去，每一个都是五颜六色，像小彩虹一样漫天飞舞。一旦追踪过去，却又是看得见抓不着，一触即破，转瞬便逝，肥皂泡彩色缤纷，扑朔迷离，使人开心极了，见图 4.9（a）。

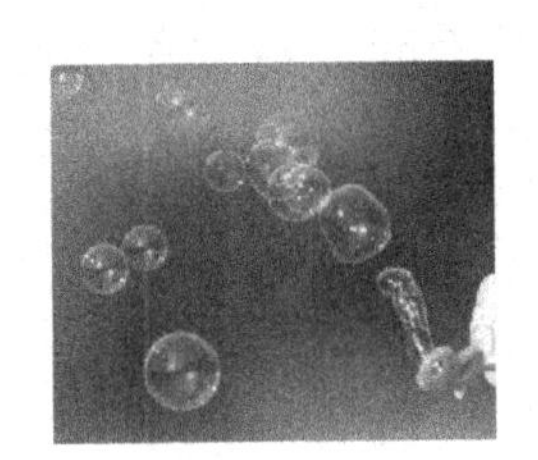
(a) 吹出的肥皂泡

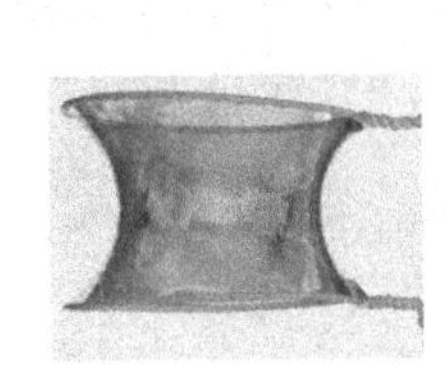
(b) 两个铁圈间的肥皂膜

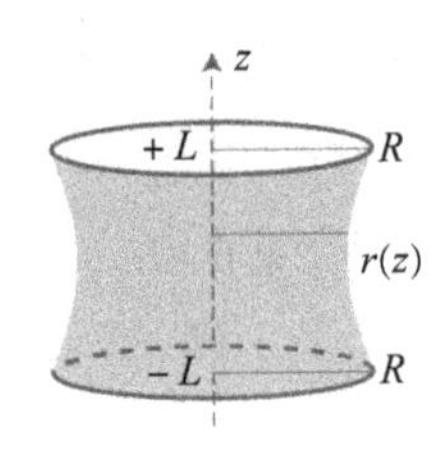

(c) 极小曲面

图 4.9 肥皂泡和肥皂膜

大多数人也都知道肥皂泡之所以呈球形是因为表面张力的原因。当肥皂膜包围住一定的空气体积而封闭之后，表面张力的作用将使得其表面积为最小。从数学上可以证明，体积一定时球形的表面积最小。

有趣的是，19 世纪比利时有一个物理学家叫约瑟夫•普拉托（Joseph Plateau，1801~1883 年）也喜欢玩肥皂水，不过他的玩法不太一样。他把金属丝弯成各种各样形状的框架，浸入肥皂水中，拉起来后看框架是否沾上了肥皂膜，他非常感兴趣研究这些肥皂膜的形状。

除了用肥皂膜进行一系列的实验之外，普拉托还首先发现了快速运动物体的“视觉暂留”现象，这个现象后来成为动画与电影的理论基础。

效仿普拉托，我们也可以用肥皂水进行类似的实验。比如说，可以用铁丝扭成一个不大的圆环，放到肥皂水中搅一下再拿起来，我们可能在圆环上观察到一层平平铺上的肥皂膜。更进一步，如果用两个铁丝圆环沾上肥皂水之后再分开一段距离，你很可能能够观察到在两个圆环之间的肥皂膜形成一个曲面的情况，就像图 4.9（b）所示的那样。这时候，两个铁环之间的曲面形状显然不同于肥皂泡的球面。那么，这是个什么样的曲面呢？为什么是这种形状呢？表面张力在这里是否也起着决定性的作用？如果你还没有阅读过这方面的文章的话，这些问题将使你困惑，就像当年困惑着物理学家普拉托一样。

普拉托通过对这些肥皂膜形状的观察，总结出了肥皂膜的 4 条规律，后人将它们以普拉托的名字命名，被称为“普拉托定律”，而由此提出的问题，则叫作“普拉托问题”。

“普拉托问题”最后由美国数学家道格拉斯和匈牙利数学家拉多共同解决，道格拉斯还因此于 1936 年得到第一届菲尔茨奖。

肥皂膜的形状实质上也是由于表面张力的作用而形成的，但它们与肥皂泡不同。肥皂泡有一个缠绕而闭合了的内部空间，因此便有体积固定的条件，从而形成了球形以使表面积最小。两个铁圈之间的肥皂膜处于一个开放的大气空间中，不过，表面张力的作用是相同的，仍然会产生一种使得膜的表面积为最小的趋势。另外，因为肥皂膜很薄很轻，一般可以将其受到的重力忽略。这个问题在数学中叫作“极小曲面”问题，也就是在以某个封闭曲线为边界的所有曲面中，找出面积最小的曲面，这实质上是个有关曲面的变分法问题。

按照图 4.9（c）所示的这种简单肥皂膜数学模型，中心分别位于 z 轴的 L 和 $-L$ 点的两个半径为 r 的圆之间的轴对称图形的表面积 S 可以表示为如下积分

$$S=\int 2\pi r\,\mathrm{d}s=2\pi\int_{-L}^{+L} r\sqrt{1+r'^2}\,\mathrm{d}z$$

通过令 S 的变分为零，而使得 S 为极小值，便可得到极小曲面的方程

$$r(z)=K\cosh\left(\frac{z}{K}\right)$$

这个极小曲面叫作悬链曲面，是由双曲函数围绕 z 轴旋转而成的，式中的 K 为积分常数，可由边界条件定出。

虽然我们没有详细地求解上面的变分问题，但求解过程并不是十分困难，那是因为我们所讨论的只是“极小曲面”中一个最简单的边界问题，边界是两个一上一下、平行、相等的圆。但如果像普拉托那样，将铁丝拧成各种各样的奇怪形状，也就是要研究任意边界条件下的极小曲面问题的话，你可能就会一筹莫展了。

早在普拉托进行肥皂膜实验的一百多年之前，拉格朗日就从理论的角度提出了极小曲面问题。后来蒙日又发现，一定边界下曲面的面积极小的条件为平均曲率 $H=0$，因此有人将 $H=0$ 的曲面称为极小曲面。但事实上，$H=0$ 只是一个必要条件。

利用变分方法得到极小曲面的非线性偏微分方程，然后在一般给定边界条件下求解是非常困难的问题。因此，之后的数学家们将研究重点放在证明解的存在性，以及定性讨论解的形状上等。在拉格朗日和蒙日的年代，数学家们只求出了 3 种极小曲面：平面、悬链面和正螺旋面。后来，数学家们又发现了许多种极小曲面，见图 4.10（a）。特别是近年来在计算机的帮助下，将极小曲面的研究与亏格等拓扑结构联系起来，使得近二十年来，极小曲面成为数学和物理研究中的一大热门。数学家们还企图把这个问题推广到高维流形中。

上文中说过，极小曲面的形状千变万化，数学形式复杂，但却有一个共同的几何特点：曲面上的平均曲率处处为 0。这种曲面类似于零食中的一种土豆片的形状，见图 4.10（b）。

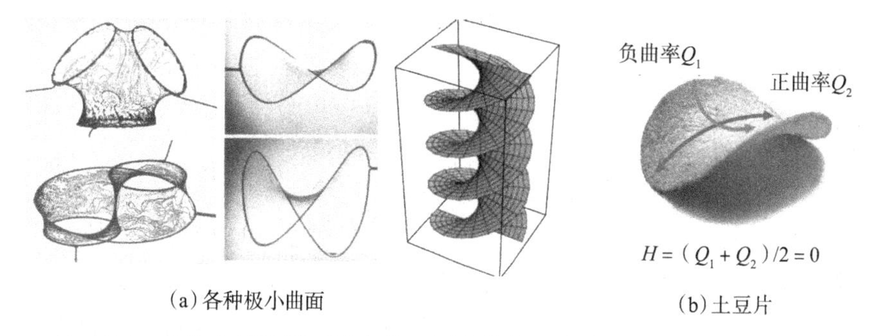

(a) 各种极小曲面　　(b) 土豆片

图 4.10　各种各样铁丝网张出的不同形状的肥皂膜的平均曲率处处为 0

极小曲面的研究也在许多其他学科中具有实用价值：物理学家通过它研究表面张力及光在薄膜上的干涉；生物中用以研究细胞膜的生长过程和生化机理；力学中结构和材料的力学性质与它有关；最近有学者将其用于计算机的辅助建模；这种形状早就成了设计师和建筑师灵感的源泉。据说德国建筑家昆特贝尼斯在设计慕尼黑奥运会主体育场时，将顶棚曲面最小化，用最少的材料建造出了最结实的顶棚。

读到此，我们不能不感叹：原来司空见惯的肥皂泡和肥皂膜上还有如此多的学问！它们带来的有趣的数学问题也非同一般，至今也未能完全解决。

6. 内蕴几何

让我们再回到第 4 章中所叙述的有关微分几何中曲面的基本性质，重复并加深对可展性的理解。首先，对曲线而言，任意一条空间曲线都是可展的，都可以伸展为一条直线。不同的空间曲线只是由它们“嵌入 3 维空间中”时的弯曲和扭曲程度区分，如果只从曲线上看，所有的曲线都是一样的，都与直线具有同样的几何性质。换言之，如果有一种极小的蚂蚁生活在一条空间曲线上，它在曲线上无法知道周围空间的任何信息，那么，它感觉不出它的曲线世界与其他曲线（或直线）有任何的不同。

曲面则有可展（成平面）与不可展之分。一个球面是不可展的，因为你不可能将它铺成一个平面，而柱面可展，它具有与平面完全相同的内在几何性质。如果有一种生活在柱面上的生物的话，它会觉得自己与生活在平面上是一模一样的，但球面生物就能感觉到几何上的差异。比如说，柱面生物在它的柱面世界中画一个三角形，将三角形的三个角加起来，会等于 180°，这个结论与平面生物得到的结论一致。而球面生物在它的世界中画一个三角形，它将会发现三角形的三个角加起来，要大于 180°。

这种与曲面嵌入 3 维空间的弯曲方式无关，只研究所谓曲面本身的几何，叫作内蕴几何。

高斯是研究内蕴几何之第一人，他在1827年发表了《关于曲面的一般研究》一文，研究曲面情形之下能够发展的几何性质[38]。他最初的目的是为了应用，因为当时德国的Hannover政府要他主持一个测量工作，为了给这个测量工作一个理论基础，高斯写下了这篇当时在微分几何上最重要的论文，并抓住了微分几何中最重要的概念，建立了曲面的内在几何，奠定了近代形式曲面论的基础，使微分几何成了一门独立的学科。

什么样的几何量才能够代表曲面的内蕴几何性质呢？

高斯在1827年《关于曲面的一般研究》一文中，发展了内蕴几何[39]。

所谓“内蕴”，相对于“外嵌”而言，指的是曲面（或曲线）不依赖于它在3维空间中嵌入方式的某些性质。“内蕴”的概念也可以被解释得更为物理一些：一个观察者在自己生活的物理空间中所能够观察和测量到的几何性质就是这个空间的内蕴性质。也有人比喻说：在3维空间中，外嵌是机械设计工程师看待曲面的方法，将曲面看成他的3维机械零件的表面；内蕴几何则是地球上的测地员测量地球表面时测量到的几何性质。比如说，内蕴几何量的最简单例子就是弧长。一条直线可以在3维空间中看起来转弯抹角地任意弯曲，即随意改变它的曲率和挠率，但生活在直线上的“点状蚂蚁”观察不到这些“弯来绕去”，只能测量它爬过的弧长。因此，空间曲线的曲率和挠率是从3维空间观察这条曲线时得到的重要性质，但却并不是内蕴几何量，只有弧长是内蕴的。对曲面来说也是如此，弧长并不因为平面卷成了柱面或锥面而改变，弧长与曲线嵌入空间中的弯曲情况无关，因而是个内蕴几何量。

曲线没有内蕴几何，因为所有空间曲线的内在性质都与直线相同。因此，内蕴几何主要用于研究曲面的性质。既然弧长是内蕴的，弧长所导出的其他几何量，诸如面积、夹角等便也是内蕴的。在一个坐标系中如何计算弧长？有了微积分之后这并不困难，首先要有计算一小段弧长的公式，这个公式可从最古老的欧氏几何中的勾股定理得到，然后进行积分便能求得弧长。

弧长是任何一个曲面都有的，最基本、最简单的内蕴几何量，由此可定义曲面的等距变换，即保持弧长不变的变换。曲面的内蕴几何量都是等距变换下的不变量，或者说，根据计算弧长的公式（专业术语称之为曲面第一基本公式），可以建立起曲面的内蕴几何。

刚才说过，空间曲线的曲率和挠率不是内蕴的。对曲面来说，欧拉定义过曲面上的两个主曲率，将这两个主曲率相加除以 2，可定义平均曲率。然而人们发现，主曲率和平均曲率都不是内蕴几何量。直观地看，前面讨论过的柱面和锥面等可展曲面，应该与平面有相同的内蕴几何，而球面一类的不可展曲面代表了另外种类的几何。虽然主曲率和平均曲率不是内蕴的，但高斯从几何中直观感觉到应该存在某种内蕴曲率，于是，他开始探讨什么才是曲面的内蕴曲率。

高斯通过研究曲面在一个给定点及其附近邻域的法线方向定义了高斯映射，继而定义了曲面的内蕴曲率，即高斯曲率。

如图 4.11（a）所示，高斯映射将曲面在一个给定点 P 及其附近邻域（总面积为 A）的法线矢量，在保持原来方向的情况下将端点平移到原点，这些法线与单位球面相交于一块面积为 B 的图形。高斯认为，面积 B 与面积 A 的比值可以代表曲面在 P 点的内蕴弯曲程度，高斯将其定义为高斯曲率。

可以举例说明高斯曲率为什么代表了曲面的内在弯曲度。比如

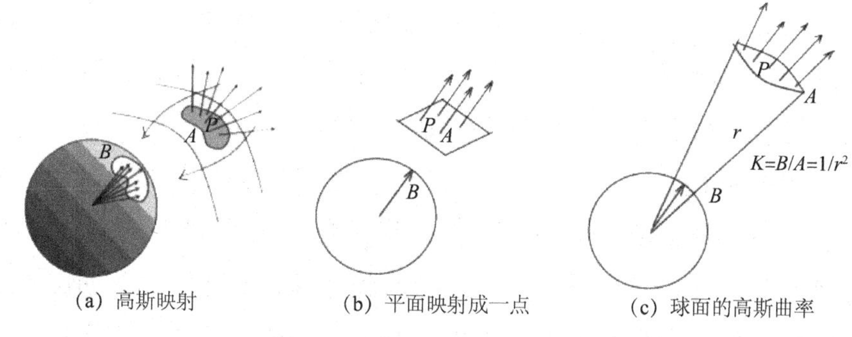

图 4.11　高斯映射和高斯曲率

说，如果曲面是一个平面，那么，P 点附近所有法线都指向同一个方向，高斯映射将整个平面映射为单位球上的一个点 [图 4.11（b）]，因此，面积 B 为 0，因而得到平面的高斯曲率为 0。如果曲面是一个柱面，高斯映射是单位球面上的一个圆，圆（仅仅圆周）的面积也是 0，因而柱面的高斯曲率也为 0。图 4.11（c）所示的是半径为 r 的球面的情形，根据高斯曲率 K 的计算公式：$K = B/A = 1/r^2$，可见 r 越大，高斯曲率越小，这点符合我们对球面内蕴曲率的直观理解。

如上所定义的高斯曲率与欧拉所研究过的主曲率有一个简单的关系：高斯曲率等于两个主曲率的乘积。主曲率是指：过曲面上某一点截线曲率（绝对值）的最大值和最小值，对柱面、锥面及切线面 3 种可展曲面，最小值为 0，因此两个主曲率相乘而得到的高斯曲率也为 0。

当高斯发现高斯曲率是一个曲面的内在性质时，他无比兴奋和激动，并情不自禁地将他的结论命名为绝妙定理：即 3 维空间中曲面在每一点的曲率不随曲面的等距变换而变化。意思就是说，高斯曲率是一个内蕴几何量。

绝妙定理的绝妙之处在于它提出并在数学上证明了内蕴几何这

个几何史上全新的概念，它说明曲面并不仅仅是嵌入 3 维欧氏空间中的一个子图形，曲面本身就是一个空间，这个空间有它自身内在的几何学，独立于外界的 3 维空间而存在。

如图 4.12（b）所示，内蕴几何是生存在各种类型曲面空间中的爬虫生物所观察到的几何。图中所示的曲面空间有 3 种：平面、球面及双曲面。平面是一个 2 维的欧氏空间，而球面和双曲面则是非欧氏空间，这使我们联想到也是在那个年代发现的非欧几何，即罗巴切夫斯基几何或双曲几何。

(a) 测地员观测到的几何

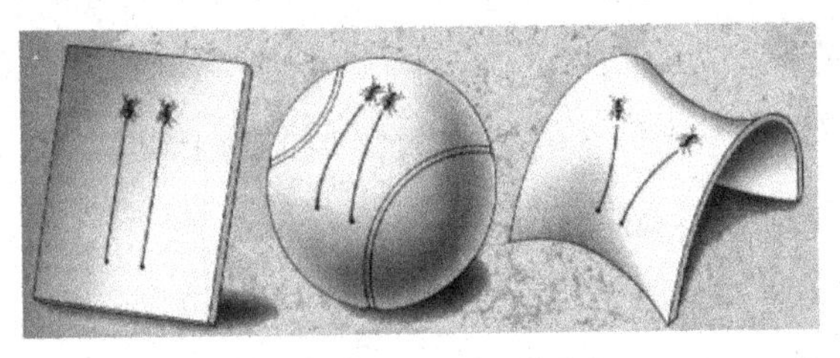

(b) 平面、球面、双曲面的几何

图 4.12　内蕴几何是测地员（或爬虫）观察到的几何

尼古拉・罗巴切夫斯基（Nikolai Lobachevsky，1792~1856 年）是俄罗斯数学家，非欧几何的创始人[40]。

欧几里得几何是一个基于公理（或共设）的逻辑系统，公理犹如建造房屋时水平放在基底的大砖头，有了牢靠平放的基底，其他砖块便能够一层一层地叠上去，万丈高楼也就平地而起。基底砖块破缺了或者放置得不水平，楼房就可能倒塌。逻辑系统中的数条公理应该是公认的、显而易见的、确认无法被证明的一些假设。作为欧氏平面几何大厦的基底有 5 条公理，其中第 5 条公理是论及平行线的，也称为平行公设，它说的是：

“若两条直线都与第三条直线相交，并且在同一边的内角之和小于两个直角，则这两条直线在这一边必定相交。”

人们对前面 4 条公理都没有什么疑问，唯独对这第 5 条公理没有好感，总觉得它说起来拗口，听起来不是那么明显和直接。数学家们并不怀疑它的正确性，只是觉得它不像一个不证自明的公理。大家的意思是说，欧氏平面几何的大厦用前面 4 块大砖头就足以支撑了，这第 5 块砖头，恐怕本来就是放置在另外 4 块砖头之上的。因而，欧氏几何创立以来，许多几何学家都曾经尝试用其他 4 条公理来证明这条公理，但却都没有成功。这种努力一直延续到 19 世纪初，在 1815 年左右，年轻的数学家罗巴切夫斯基也开始思考这个问题。在试图证明第 5 公理而屡次失败之后，罗巴切夫斯基采取了另外一种思路：如果这第 5 公理的确是条独立的公理的话，将它改变一下会产生什么样的结果呢？

第 5 公理也可以有另外一种表达方式：通过一个不在直线上的点，有且仅有一条不与该直线相交的直线。罗巴切夫斯基巧妙地将这一条公理的表述改变如下：过平面上直线外一点，至少可引两条直线与已知直线不相交。然后，他将这条新的第 5 公理与其他的公理一起，像欧氏几何那样进行类似的逻辑推理，推出新的几何命题来。罗巴切夫斯基发现，如此建立的一套新几何体系与欧氏几何不同，但却也是一个自身相容的、没有任何逻辑矛盾的体系。因此，罗巴切夫斯基宣称：这个体系代表了一种新几何，只不过其中许多命题有点古怪，似乎与常理不合，但它在逻辑上的完整和严密却完全可以与欧氏几何媲美。

我们可以列举几条罗氏几何中古怪而不合常理的命题：同一直线的垂线和斜线不一定相交；不存在矩形，因为四边形不可能四个角都是直角；不存在相似三角形；过不在同一直线上的三点，不一定能作一个圆；一个三角形的三个内角之和小于 180°……

从这种反证法能得到不同几何体系的事实，说明第 5 公理是一条不能被证明的公理。从此以后，数学家们不再纠结于第 5 公理的证明。然而，由于罗氏几何得出的许多结论与我们所习惯的欧式空间的直观图像相违背，罗巴切夫斯基生前并不得意，遭遇了不少的攻击和嘲笑。

罗巴切夫斯基在 1830 年发表了他的非欧几何论文。无独有偶，匈牙利数学家鲍耶·亚诺什（János Bolyai，1802~1860 年）在 1832 年也独立地得到非欧几何的结论（图 4.13）[41]。

图 4.13　非欧几何鼻祖：（从左到右）高斯、罗巴切夫斯基、鲍耶

当时也正是高斯发展他的内蕴几何观点之时，同是几何研究，这位号称数学王子的天才，不可能不思考非欧几何的问题，他对罗巴切夫斯基等的工作又是如何看待的呢？

匈牙利数学家鲍耶的父亲，正好是高斯的大学同学。当父亲将鲍耶的文章寄给高斯看后，高斯却在回信中提及自己在三十多年前就已经得到了相同的结果。这给正年轻气盛的鲍耶很大的打击和疑惑，甚至怀疑高斯企图盗窃他的研究成果。但实际上，从高斯的文章、笔记、书信等可以证实，高斯的确早就进行了非欧几何的研究，并在罗巴切夫斯基与鲍耶之前，已经得出了相同的结果，只不过没有将它们公开发表而已。

早在 1792 年，15 岁的高斯就开始证明关于平行公理的独立性，继而研究曲面（球面或双曲面）上的三角几何学，他 17 岁时就深刻地认识到：曲面三角形之外角和不等于 360°，而是成比例于曲面的面积，这可以说是高斯—博内定理的早期版本。1820 年左右，高斯已经得出了非欧几何的很多结论，但不知何种原因，高斯没有发表他的这些关于非欧几何的思想和结果，这些成果只是在 1855 年他去世后才出现在被出版的信件和笔记中。关于原因，有人认为是因为高斯对自己的工作精益求精、宁缺毋滥的严谨态度；有人认为是高斯害怕教会等保守势力的压力；有人认为高斯已经巧妙地将这些思想包含在了他 1827 年的著作中[42]。

意大利数学家贝尔特拉米在 1868 年证明，非欧几何可以在欧几里得空间的曲面上实现。比如罗巴切夫斯基和鲍耶的几何就是双曲面（也叫马鞍面）上的几何，而如果我们将第 5 公理改变成“通过特定的点没有平行线”的话，则能得到球面上的几何。因此，的确可以说，高斯已经将他的非欧几何思想蕴涵在内蕴几何中。

7. 黎曼几何

在介绍内蕴几何一节中说过，高斯以他的“绝妙定理”建立了曲面内在的微分几何。之后，高斯的得意门生黎曼将曲面的概念扩展到流形，将内蕴几何扩展到 n 维的一般情形，建立了黎曼几何。

和高斯一样，黎曼（Georg Friedrich Bernhard Riemann 1826~1866 年）也是德国数学家，他同样出生在贫困的普通家庭。

黎曼比高斯刚好小 50 岁，于 1826 年生于德国的一个小村庄，有趣的是，按时间算起来，高斯那时候正好在这个地区进行土地测量。时间的巧合，给人一种神话式的联想：上帝是否就在那时候将非欧几何—黎曼几何的思想种子植根到了那片被丈量的土地上。

遗憾的是，黎曼只活了 39 岁，不过，他在短暂的一生对数学做出了杰出的贡献。他小时候家境贫困，但父亲是教堂的牧师，很重视儿子的教育，也注意到了黎曼在数学上的杰出能力。因此，父亲没有为了尽早改善家庭的经济状况而阻止黎曼往数学方向上发展，这才有了现代数学上著名的黎曼面、黎曼几何、黎曼猜想等。

黎曼 19 岁进入哥廷根大学读书时，高斯将近 70 岁，已经是那里鼎鼎有名的教授，正是听了高斯的几次数学讲座之后，黎曼才下决心改修数学。

1847 年，黎曼转入柏林大学学习，也许是冥冥中某种力量的召唤，两年后他又回到哥廷根大学攻读博士学位，成为高斯晚年的学生。博士毕业后，黎曼为了申请哥廷根大学的一个无薪教职，需要作一个难度颇高的就职演说。为了确定论文的选题，他向高斯提交了 3 个题目，以便让高斯在其中选定一个。没想到高斯选中了黎曼当时并没有做多少准备的几何基础题目。更没想到的是，正是这篇黎曼花了不到两个月时间准备出来的演讲论文《论作为几何基础的假设》提出了一大堆陌生概念，开创了一种崭新的几何体系，令哥廷根的数学同行们大吃一惊。

某些传言可能并不过分，据说在黎曼就职演讲的听众中，唯有高斯听懂了黎曼在说些什么。

从前面“内蕴几何”一节中，我们已经知道：根据曲面的第一基本形式，也就是曲面上计算弧长的公式，可以建立起曲面的内蕴

几何。3 维空间中两个参数 u 和 v 所描述的曲面的第一形式可用下式表达

$$ds^2 = Edu^2 + 2Fdudv + Gdv^2 \tag{4.5}$$

公式（4.5）中的 E、F、G 是曲面第一基本形式的系数。黎曼在他的就职演说中，将 2 维曲面的概念扩展为“n 维流形”，将 E、F、G 等系数扩展为定义在 n 维黎曼流形上每一点 p 的黎曼度规 $g_{ij}(p)$

$$ds^2 = \sum_{i,j}^{n} g_{ij}(p)dx^i dx^j \tag{4.6}$$

有了度规，就有了度量空间长度的某种方法，才能测量和计算距离、角度、面积等几何量，从而建立流形上的几何学。首先，我们可以从图 4.14 所示的平面和球面上的弧长微分计算公式，对黎曼度规 g_{ij} 得到一个直观印象。

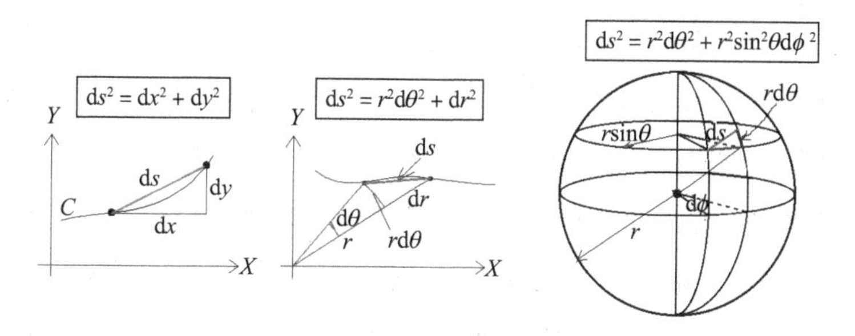

(a) 平面直角坐标的弧长　(b) 平面极坐标的弧长　(c) 球面上的弧长

图 4.14　平面（a）、平面（b）和球面（c）上的弧长（微分）表达式

对图中的 2 维平面和 2 维球面，下指标 i 和 j 的取值是 1~2，这时，可以将度规 g_{ij} 写成 2×2 的矩阵形式

$$\text{平面直角坐标} \qquad g = \begin{pmatrix} 1 & 0 \\ 0 & 1 \end{pmatrix} \tag{4.7}$$

平面极坐标　$$g=\begin{pmatrix}1 & 0\\ 0 & r^2\end{pmatrix} \tag{4.8}$$

球面经纬线坐标　$$g=\begin{pmatrix}1 & 0\\ 0 & \sin^2\theta\end{pmatrix} \tag{4.9}$$

总结一下上面3种情况下度规的性质①平面直角坐标的度规是个简单的 δ_{ij} 函数（$i=j$ 时为1，否则为0），而且对整个平面所有的 p 点都是一样的；②平面极坐标的度规对整个平面不是常数，随点 p 的 r 不同而不同；③球面坐标上的度规也不是常数。由上面的①和②可知：同样是描述平面，但如果所选择的坐标系不同，度规也将不同。平面上的极坐标和直角坐标是可以互相转换的，因此，②的极坐标度规可以经过坐标变换而变成①那种 δ_{ij} 函数形式的度规。那么，现在就有了一个问题：第3种情况的球面度规是否也可以经过坐标变换而变成如①所示的 δ 形式的度规呢？对此数学家们已经有了证明，答案是否定的。也就是说，在 $\mathrm{d}s$ 保持不变的情形下，无论你作何种坐标变换，都不可能将球面的度规变成①所示的 δ 形式。由此表明，球面的内在弯曲性质无法通过坐标变换而消除，黎曼度规可以区分平面和球面或其他空间的内在弯曲状况。

一般来说，黎曼流形上每一点 p 的黎曼度规 $g_{ij}(p)$ 随 p 点的不同而不同，在上一章中我们说过，这种以空间中的点为变量的物理量叫作“场”。

上一章中讲到麦克斯韦方程时，我们曾经介绍过电场和磁场这种类型的矢量场。一个矢量只需要用一个指标来描述，而像黎曼度规 $g_{ij}(p)$ 这种具有两个指标（i 和 j），并且在坐标变换下按一定规律变化的几何量则叫作二阶张量，因此，$g_{ij}(p)$ 是黎曼流形上的二阶张量场。不难看出，对 n 维流形上的点 p，$g_{ij}(p)$ 在给定的坐标系中有

n^2 个分量。因而可以表示成一个 $n \times n$ 的矩阵。除了二阶张量场之外，黎曼流形上也能定义 0 阶张量（标量）场、一阶张量（矢量）场、三阶、四阶以及更高阶的张量场。

张量在物理及工程上有广泛的应用，尤其是大家所熟知的矢量，日常生活中也比比皆是：速度、加速度、力、电流、水流、电场、磁场等，这些既有方向又有大小的物理量都可以用矢量来表示。n 维空间的矢量有 n 个分量，标量则只有 1 个分量，比如温度、湿度、密度、能量等，都属于标量。

物理量表达的是某种物理存在，应该与人为选择的坐标系无关，因此，标量、矢量、张量等都是独立于坐标系而存在的。只不过，为了测量和计算的方便，人们总是要选取一定的坐标系，这样一来，这些量在不同的坐标系之下便有了不同的分量值。然而，无论坐标系如何选取，由于总是对应于同一个东西，总有些量是不会改变的。因此，在坐标系变换时，张量的坐标分量便必须遵循某种规则，才能保证这一点。就好比对于同一个人，不同的人对他可以有不同的称呼：爸爸、儿子、爷爷、哥哥、弟弟，这些都有可能。但是，这些称呼之间的变换应该会符合某些逻辑原则，才能保证它们指的是同一个人。

有时候，坐标系的选取可以简化计算或者更清楚地表征空间的某种性质，前面所说的度规张量就是如此。如果一个黎曼流形上每一点的度规张量都可以写成 δ_{ij} 函数形式的话，黎曼将其称之为“平”流形。流形“平”或“不平”，定义在它上面的几何规律将完全不同。

黎曼将 2 维曲面中的球面几何、双曲几何（即罗巴切夫斯基几何）和欧氏几何，统一在下述黎曼度规表达式中

$$ds = \frac{1}{1+\frac{1}{4}\alpha\sum x^2}\sqrt{\sum dx^2} \qquad (4.10)$$

公式（4.9）中的 α 是 2 维曲面的高斯曲率。当 $\alpha = \pm 1$，度规所描述的是三角形内角和大于 180° 的球面几何；当 $\alpha = -1$，所描述的是内角和小于 180° 的双曲几何；当 $\alpha = 0$，则对应于通常的欧几里得几何。黎曼引入度规的概念，将 3 种几何统一在一起，使得非欧几何焕发出蓬勃的生机（图 4.15）。

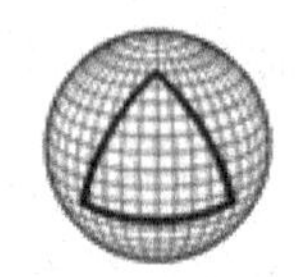

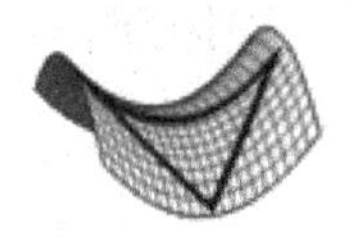

$\alpha = +1$，$E > 180°$　　$\alpha = -1$，$E > 180°$　　$\alpha = 0$，$E > 180°$

图 4.15　黎曼用度规统一 3 种几何

如同我们看到的嵌入 3 维空间中的大多数二维曲面都不是可展的一样，大多数流形都不是“平”的。高斯定义了高斯曲率来描述平面和不可展曲面的差异，黎曼将曲率的概念扩展为“黎曼曲率张量”。这是 n 维流形每个点上的一个四阶张量，张量的分量个数随 n 的增大而变得很大，并且表达式非常复杂。不过，由于对称性的原因，可以将独立的分量数目大大减少。

也可以用黎曼定义的“截面曲率”来描述流形的内在弯曲程度，为此需引进过流形上一点 p 的切空间的概念。这里需要强调的是，黎曼研究的是一般情况下的 n 维流形，通常 $n \geqslant 3$，但我们人类的大脑想象不出，计算机也画不出来这些高维而又不平坦的流形是个什么样子，所以只好用嵌入 3 维空间的 2 维曲面的图像来表示这种弯曲流形，如图 4.16 所示。

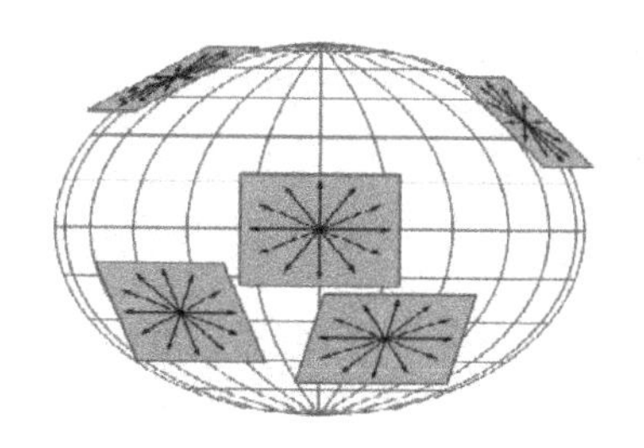
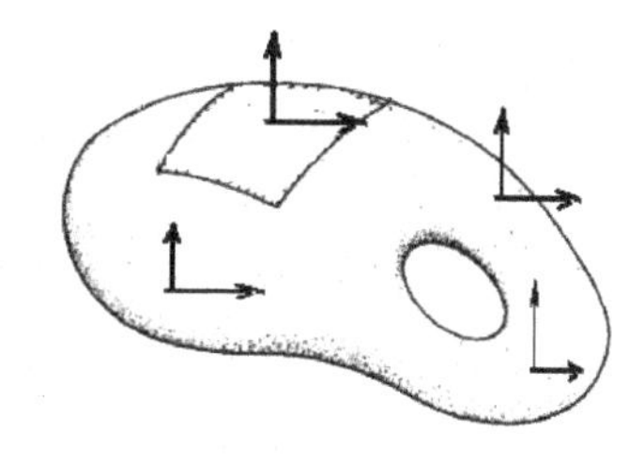

图 4.16　流形和过每一点的切空间

一个 n 维流形过点 p 的切空间是一个 n 维的欧氏空间，如图 4.16 所示，流形上的每个点都有一个局部平坦的切空间，画起来有点类似 1 维曲线的 Frenet 活动标架，只不过是推广到了 n 维的一般流形而已。设 Pp 是这个欧氏切空间中的一个平面，截面曲率 $K(Pp)$ 定义为以 Pp 作为切平面的 n 维流形过 p 点的那个 2 维截面的高斯曲率。在特别情况，如果 $n=2$ 的话，即对 2 维流形而言，只有一个截面曲率，刚好就是原来的高斯曲率。

上面的表述对 $n>2$ 的情况不好直观想象，对 $n=2$ 又稍微显得平凡。尽管如此，从图 4.16 中，我们仍然可以将 2 维曲面图像添加一些想象而延伸到一般的流形及其切空间，从而得到某种直观印象。

黎曼是把流形概念推广到高维的第一人。流形的名字来自他原来使用的德语术语 mannigfaltigkeit，英语翻译成 manifold，是多层的意思。一般的流形，不但不平，而且其不平度还可以逐点不一样，流形的整体也可能有你意想不到的任何古怪形状。不过，黎曼流形仅仅指其中定义了黎曼度规的可微分流形。

从形式上来看，黎曼将高斯的 2 维曲面几何推广到了 n 维，但实际上黎曼所做工作的意义远不止于此。首先，高维流形中的曲率的概念要比 2 维曲率丰富得多。此外，因为黎曼度规是基于弧长微分 ds 的计算公式，所以黎曼几何完全不同于之前的欧几里得几何或笛卡儿坐标几何那种对整个空间都适用的几何学，而是一种局部化的几何。这是黎曼在几何上迈出的革命性的一步。研究黎曼几何时，我们不需要整个空间，只需要其中局部的一小块就够了。黎曼流形上的每一点都可以定义一个切空间，从而再进一步建立起黎曼流形上的微分运算等，这些将在下一节中介绍。

8. 张量场上的微积分

张量微积分与矢量在空间的平行移动有关。什么是平行移动？简单地说，就是将一个矢量平行于自身的方向沿着空间里的一条曲线移动。在平坦的欧几里得空间里，这种移动方式是一目了然的。

欧氏空间平面上的平行移动，就是像图 4.17（a）所示的那样，矢量移动的时候，要保持与自己原来的方向平行。如何才能做到这点呢？只要保持这个矢量在直角坐标系中的分量不变，是一个常数就可以了。这时候，如果将矢量沿着一条闭曲线平行移动一圈再回到原来出发点的话，矢量的大小和方向都不会改变，经过了平行移动得到的矢量和原来的矢量是一模一样。

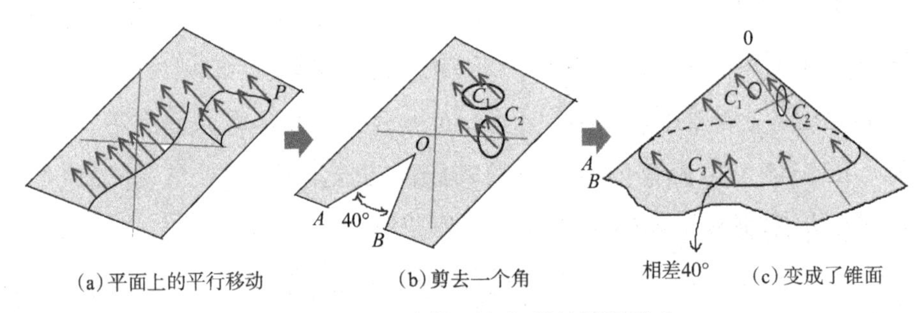

图 4.17 平面和锥面上矢量的平行移动

但如果像图 4.17（b）所画的情形，把一张纸剪去了一个 40° 的角，然后将剩余部分的两条剪缝黏在一块儿，做成一个图 4.17（c）

所示的锥面的话，平行移动又该如何定义呢？

我们知道，锥面是一种可展曲面，其上面的几何与欧氏平面几何一致。所以，从理论上来说，我们可以将锥面展开回到原来的平面来平行移动。然而，因为剪去了一个角，展开后的锥面和真正的欧几里得 2 维空间还是有不一样的地方。比如，如果你是沿着图 4.17（b）的小圆圈 C_1 或 C_2 作平行移动，移动的闭合回路不包含锥形的顶点 O 的话，当你回到原来出发点的时候，矢量的方向不会改变，而如果你的闭合回路中包含了顶点 O 的话，情况就不一样了，见图 4.17（c）的 C_3。这时候，矢量返回时的指向和出发的时候有了一个 40° 的角度差。

因而，平行移动不能简单地只理解为“保持这个矢量在直角坐标系中的分量不变”。因为首先，即使在平坦的欧氏空间中，除了直角坐标系之外，还可以使用如图 4.18（a）所画的那种一般的曲线坐标系。再则，如果空间是不平坦的话，那就必须用更为一般的度规张量来描述。这两种情形，都必须重新考虑如何定义“平行移动”。

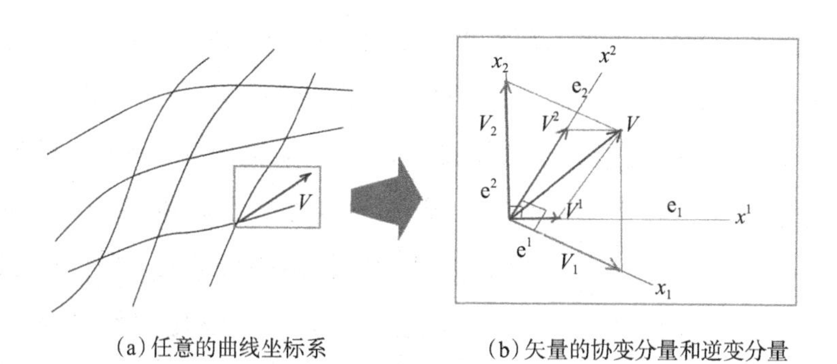

(a) 任意的曲线坐标系　　(b) 矢量的协变分量和逆变分量

图 4.18　任意坐标下的协变矢量和逆变矢量

沿着某条曲线的平行移动是由许多沿着无穷小的一段弧长 ds 平行移动的连续操作构成的，实质上也就是研究矢量在移动无穷小距离时的变化情况，或者说，需要考查在流形中，矢量场如何求导数的问题。更为一般的说法，就是在流形上的张量场中如何进行微积分运算。

下面再次回顾一下我们已有的一些概念。

黎曼流形上可以定义各种张量场。所谓“场”，就是流形上每个点都有的物理量，所谓“张量”，就是指标量、矢量、二阶以上张量等。如果用 n 维空间的坐标表示张量的分量的话，标量是 1 个数，矢量是 n 个数，2 阶张量是 n^2 个数，3 阶张量是 n^3 个数……还可以依次类推下去。因为分量数目的这种规律可以将坐标系中的张量分量用取值从 1 到 n 的指标 i、j、k……来表示。比如说：标量 ϕ 不需要指标，为 0 阶张量；矢量 V^i 有 1 个指标，为 1 阶张量；有 2 个指标的度规张量 g_{ij} 是 2 阶张量；4 阶张量 $R^i{}_{jkr}$ 有 4 个指标……

但是，并不是说分量数目符合上述规律的物理量就一定是张量。重要的是当坐标变换的时候，张量的分量得按照某种相关的规律变化，这样才能将其称之为张量。另外还有一点需要说明的是，大家可能已经注意到了，上面所列举的张量的指标 i、j、k 等，有的在上，有的在下，“上”、“下”只是一种约定俗成的说法，分别指“逆变”和“协变”。我们仅以矢量为例说明。如果某矢量的分量按照和坐标基矢 e_i 相同的变换规律“协调一致”地变换，这样的矢量叫作协变矢量，指标写在下面，记为 V_i。如果某矢量的分量按照和坐标基矢 e_i 变换的“转置逆矩阵”的规律而变换，这样的矢量叫作逆变矢量，指标写在上，记为 V^i。其他阶张量的指标也是按照类似的规律来分成“协变”或“逆变”，从而决定该指标写在“下”或“上”[43]。

图 4.18 给予协变矢量和逆变矢量直观的几何意义，同一个矢量 V，可以用对坐标平行投影的方法表示成逆变矢量，也可以用对垂直

坐标投影的方法表示成协变矢量。对直角坐标系而言，两种坐标系是一样的，所以没有“协变量”“逆变量”的区别。

张量的变换规律决定了张量的一个重要性质：如果在某个坐标系中，一个张量是 0，那么，这个张量在其他坐标系中也是 0。也就是说，张量其实是独立于坐标而存在的，这点对于物理定律的描述很重要，因为物理定律往往用一个右边等于 0 的方程式表示，物理定律也是不依赖于坐标的，坐标只是为了计算的需要而被引入。张量应该不依赖于参照系的选择。这点，从矢量的原始定义也可以看出：矢量是指一个同时具有大小和方向的几何对象，通常被表示为一个带箭头的线段，这里并没有什么坐标牵扯进来。然后，在一定的坐标系下，V 可以表示成坐标基矢 e_i（或者 e^i）的线性组合

$$V = V^i\mathrm{e}_i = V_i\mathrm{e}^i \tag{4.11}$$

这个表达式中又用了另一个科学界常用的约定俗成，叫作爱因斯坦约定。它说的是：如果像公式（4.11）中那样，指标 i 出现两次（一上一下）的话，意思是对指标的所有可能取值求和。矢量（张量）的协变分量和逆变分量可以通过度规张量 g_{ij} 互相转换

$$V_i = g_{ij}V^j \tag{4.12}$$

现在，我们再回头来考虑流形中矢量场的“导数”问题。

假设公式（4.11）描述的是欧氏空间的一个矢量场 V，如果使用笛卡儿直角坐标系，基矢 e_i 是整个空间不变的，对 V 的导数只需要对 V^i 求导就可以了，见公式（4.13）。但是，对一般的流形（平坦空间的曲线坐标或者不平坦的任意度规），坐标架和基矢 e_i 都逐点变化，对 V 的导数还必须考虑 e_i 的导数。根据乘积求导的链式法则，得到公式（4.14）。

$$\frac{\partial V}{\partial x^{\beta}}=\frac{\partial V^{\alpha}}{\partial x^{\beta}}\mathrm{e}_{\alpha} \tag{4.13}$$

$$\frac{\partial V}{\partial x^{\beta}}=\frac{\partial V^{\alpha}}{\partial x^{\beta}}\mathrm{e}_{\alpha}+V^{\alpha}\frac{\partial \mathrm{e}_{\alpha}}{\partial x^{\beta}} \tag{4.14}$$

$$\frac{\partial \mathrm{e}_{\alpha}}{\partial x^{\beta}}=\Gamma^{\mu}\alpha\beta\,\mathrm{e}_{\mu} \tag{4.15}$$

$$\Gamma^{\gamma}{}_{\beta\mu}=\frac{1}{2}g^{\alpha\gamma}\left(\frac{\partial g_{\alpha\beta}}{\partial x^{\mu}}+\frac{\partial g_{\alpha\mu}}{\partial x^{\beta}}-\frac{\partial g_{\beta\mu}}{\partial x^{\alpha}}\right) \tag{4.16}$$

一般来说，e_i 的导数也仍然是 e_i 的线性组合，将其系数记为 $\Gamma^{\mu}\alpha\beta$，叫作克里斯托费尔符号，如公式（4.15）所示。

度规张量 g_{ij} 实际上是坐标基矢 e_i 的内积 $g_{ij}=\mathrm{e}_i\cdot\mathrm{e}_j$。因此，由坐标基矢之导数定义的克里斯托费尔符号与度规张量以及度规张量的导数有关，见公式（4.16）。

公式（4.14）与公式（4.13）比较而言，除了通常对矢量分量 V^{α} 的微分之外，还多出了正比于矢量 V^{α} 的额外的一项，这一项反映了黎曼流形每一点的切空间上配备的度规张量的变化。这种加上包括克里斯托费尔符号的额外项一起定义的微分，叫作对矢量的协变微分（“协变微分”中的“协变”，与“协变矢量”中的“协变”完全是两码事），或者称之为共变导数。

流形上每个点与相邻点有不同的切空间，因而也有不同的坐标系和度规，为了能在流形上建立微分运算，两个相邻的切空间之间便需要定义某种“联络”，以意大利数学家列维—奇维塔命名的列维—奇维塔联络是在黎曼流形的切空间之间保持黎曼度量不变的唯一的无挠率联络，克里斯托费尔符号则是列维—奇维塔联络的坐标空间表达式[44]。

以上提到的“联络”一词，在数学上有其严格的定义，但读者可以暂且将它按上文理解。

列维一齐维塔（Levi-Civita，1873~1941 年）是意大利的犹太裔数学家，他与他的老师、另一位意大利数学家里奇一库尔巴斯托罗（Ricci Curbastro，1853~1925 年）一起创建了张量分析和张量微积分。

从另一方面看，V^α 对 x^β 的偏导数不是一个张量，但共变导数是一个张量。

再回到平行移动的问题。直角坐标中平行移动 V 时，$\mathrm{d}V^j/\mathrm{d}s=0$，但在黎曼流形上，则需代之以对 V 的共变导数，表达式变成

$$\mathrm{d}V^j/\mathrm{d}s+\Gamma^j_{np}V^n\mathrm{d}x^p/\mathrm{d}s=0 \tag{4.17}$$

将以上方程换一个写法，则为 $\mathrm{d}V^j=-\Gamma^j_{np}V^n\mathrm{d}x^p$，这就是将矢量 V 沿 $\mathrm{d}s$ 作平行移动时，需要如何改变 V 的逆变分量的规律。

9. 2 维曲面上平行移动和曲率

根据上节最后得到的“无限小”平行移动公式，我们从理论上便知道了如何将一个矢量的坐标分量改变使其作平行移动，但在实际情况下往往不是那么容易操作的。因此，最后举几个实际中的简单例子，给 2 维曲面特殊情形下的平行移动作一个直观说明。在这些例子中，我们只感兴趣矢量绕某个闭曲线作平行移动一周后的角度变化。

就我们现在所具有的科学知识而言，我们认为自己（人类）是一种 3 维空间的生物，我们的世界是 3 维的（不知是否还有更多的维数）。我们在 3 维世界中，将 2 维世界看得非常清楚，比如说，锥

面是一个可展曲面，或者说，锥面本来就是将一张平面的“纸”剪去了一个角而粘成的。因此，我们看一眼就知道，锥面世界处处都是平坦的，除了那一个顶点 O 之外。

首先研究锥面上的平行移动。如果平行移动经过的闭合路程包括了顶点 O 的话，平行移动的矢量就会与原来出发时的方向相差一个角度，如果移动路线没有包括顶点的话，任何矢量平行移动后回到出发点时方向仍然不变。为了更清楚地解释这两种不同的情况，我们在图 4.19（a）中，将锥面从顶点剪开后重新展开还原成了一个平面图形。这个“剪去一角的平面图形”与整个欧几里得平面的区别在于图中的 A 和 B 是锥面上的同一点，因此，直线 OA 和 OB 需要被理解为是同一条线。

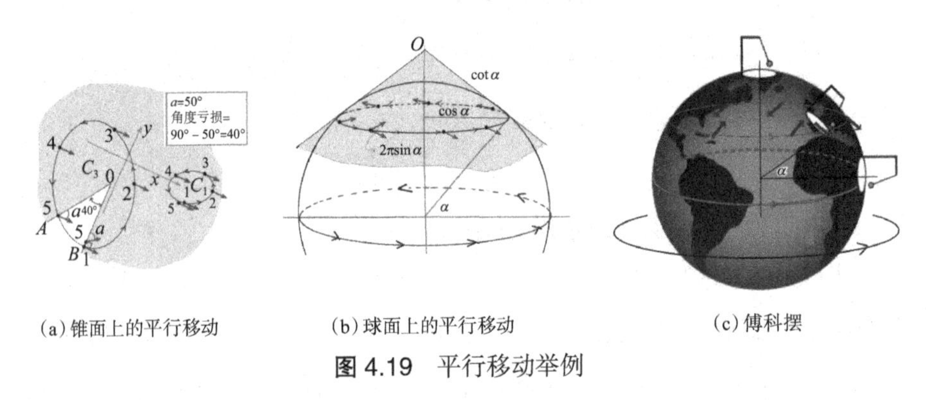

(a) 锥面上的平行移动　(b) 球面上的平行移动　(c) 傅科摆

图 4.19　平行移动举例

图 4.19（a）中靠右方的闭合曲线 C_1 没有包含顶点 O，因而，曲线 C_1 所在的所有区域都和欧几里得平面没有任何区别。当一个矢量平行于自身沿着 C_1，经过点 1，2，3，4，5 逆时针绕行一周后，和原来在平面上绕行一周一样，方向不会改变。但是，如果矢量是沿着左边的曲线 C_2 平行移动的话，情况则会稍微不同，因为 C_2 包括了顶点 O，矢量在绕行过程中必然要碰到直线 OA。比如像图 4.19

（a）中所示那样，假设矢量从 B 点出发，出发时的方向垂直于 OB，因为图中的 A，B，1 三个点其实都是同一个点，所以，出发时的矢量方向也是垂直于 OA 的。然后，矢量经过各个点 2，3，4，到达点 5 的时候应该保持和原来相同的方向。点 5 其实就在直线 OA 上，但是因为 OA 和 OB 之间剪去了一个角，矢量平行移动到点 5 时，并不垂直于 OA，而 OA 和 OB 又是同一条线，所以最后的矢量与 OB 也不垂直。产生角度差的原因很明显，因为平面被剪去一角变成锥面后，使得绕行 C_2 一周在平面上并没有绕过 360°，而是少走了一个角度 [在图 4.19（a）中，只绕了 320°]，所以使得矢量平行移动后产生了一个 40° 的“角度亏损”。

因此，任何矢量在锥面上作平行移动的规律很简单：如果绕行的回路中没有顶点，矢量方向不变；如果回路包括了顶点，则将产生一个固定的角度亏损，这个角度差别取决于锥形的形状。锥面是个很特别的曲面，它处处都是“平”的，与欧几里得几何一致，除了顶点是个“奇点”之外。

综上所述，矢量平行移动一周之后产生的角度亏损与绕行曲线包围的区域的弯曲性质有关，如果这块区域是完全平坦的，则没有角度亏损。换言之，角度亏损是由于被包围的区域中的“不平坦”产生的。对于锥面的情况，不平坦的来源是顶点。

人类赖以为生的地球是一个球面，因此，我们更感兴趣在球面上的平行移动。我们首先研究在球面上沿着一条比较简单而特殊的曲线（圆）平行移动的规律。如图 4.19（b）所示，我们赋予球面一个类似地球表面所使用的经纬坐标，然后考虑纬度为 α 的圆 C_α。球面上的矢量沿着这个圆周的平行移动可以简化为锥面上的平行移动，方法是像图 4.19（b）中所画的那样，给球面带上一顶刚好与

其在 C_α 相切的锥形帽子。在如此构造的结构中，无法分辨是在球面上沿着 C_α 平行移动，还是在锥面上沿着 C_α 平行移动，因为两者的移动效果是一样的。因此，球面上沿 C_α 平行移动的角度亏损等于沿锥面平行移动的角度亏损。这个角度差与锥形“帽子”剪去的那个角度有关，读者不难从初等几何推导出角度亏损与纬度 α 的关系：矢量顺时针平行移动后，其方向以顺时针方向旋转了 $2\pi\sin\alpha$，相应的角度亏损则为 $2\pi(1-\sin\alpha)$。

如果纬度 α 变大，圆周 C_α 向上方移动且变小，锥形帽子剪去的角度也就更小，锥形变得更平坦，因而使得平行移动后的角度亏损也更小。

物理上，球面平行移动的计算可以用来解释傅科摆现象，见图 4.19（c）。

傅科摆是证明地球自转的一种简单设备，根据法国物理学家莱昂•傅科（Léon Foucault，1819~1868 年）的名字而命名。

考虑悬挂在位于纬度为 α 处的单摆。由于地球绕着南北极的轴自转，单摆上方的固定点将和地球一起转动，而摆平面的方向却是相对自由的。如果用一个矢量 V 来表示摆平面的方向，在以太阳为参考系的观测者看起来，当地球自转一周时，矢量 V 沿着纬度为 α 处的纬圈平行移动了一圈。根据刚才对球面上平行移动的分析可知，矢量 V 平行移动一周之后，将和原来的方向相差一个角度 $2\pi\sin\alpha$，这正是被傅科摆实验证实了的摆平面旋转的角度。

再回过头来继续研究球面上的平行移动。由以上分析可知，矢量沿 α 纬圈平行移动一周的角度亏损为 $2\pi(1-\sin\alpha)$。这个角度亏损来源于所包围的区域中“不平坦”性的总和，如果绕行的圆圈越小，角度亏损也越小。在北极（或南极）附近，纬度 α 靠近 $90°$ 的地方，圆圈的面积接近 0，角度亏损也接近 0。由于球面的对称性，它处处“不平坦”的程度都是一样的。所以，在球面上将任何矢量平行移动一周回到出发点后的角度亏损很容易计算：角度亏损 θ 正比于闭曲线所包围的区域面积 A。

如果研究对象不是标准的球面，而是一般的 2 维曲面，上述“角度亏损 θ 正比于闭曲线所包围的区域面积 A”的结论在大范围内不能成立，但在 2 维曲面某个给定的点 P 附近，当绕行的回路趋近于无限小的时候仍然成立。也就是说：无限小的角度亏损 $\mathrm{d}\theta$ 将正比于无限小的区域面积 $\mathrm{d}A$。

在前面“曲面的微分几何”一节中，我们介绍过高斯曲率。高斯当时是根据高斯映射来定义高斯曲率的，高斯映射实际上也涉及平行移动，但高斯的说法不太一样。现在，我们明白了黎曼流形上矢量平行移动的概念之后，可以用平行移动来重新定义 2 维曲面上的内蕴曲率 R。

矢量绕着曲面上点 P 附近无限小的一块区域平行移动后，产生的角度亏损 $\mathrm{d}\theta$ 将正比于区域的面积 $\mathrm{d}A$，可用公式表示为

$$\mathrm{d}\theta = R\mathrm{d}A \tag{4.18}$$

这里的比例系数 R，便被定义为 2 维曲面在 P 点的曲率。

对半径为 r 的球面：$2\pi(1-\cos(\mathrm{d}A)) = R\pi(\mathrm{d}r)^2$，这里 $\mathrm{d}r = r \times \mathrm{d}A$，可以解出球面的曲率 $R = 1/r^2$。

对剪去一个角度 δ 而形成的锥面，只要绕过的区域包含了顶点，角度亏损便都等于 δ，无论面积 $\mathrm{d}A$ 取得多小。因此，锥面顶点的曲率等于无穷大，其余各点的曲率皆为 0。

由平行移动根据公式（4.18）定义的曲率 R 可正可负。如果矢

量沿着闭合曲线逆时针方向平行移动一周后得到逆时针方向的角度变化，或者顺时针方向平行移动后得到顺时针方向的角度变化，表明曲率为正，否则为负。马鞍面［图 4.10(b) 所示土豆片的形状］是曲率为负值的 2 维曲面例子。

黎曼几何和张量微积分是广义相对论的重要数学基础，是数学与理论物理结合的经典例子。在一定的程度上可以说，没有这些数学工具，不可能有广义相对论。

参考文献

[1] 格雷克著 . 牛顿传 . 吴铮译 . 北京：高等教育出版社 .2004

[2] Reyes, Mitchell. The Rhetoric in Mathematics: Newton, Leibniz, the Calculus, and the Rhetorical Force of the Infinitesimal. Quarterly Journal of Speech,2004,90: 159~184

[3] Sir Isaac Newton.The Method of Fluxions and Infinite Series: With Its Application to the Geometry of Curve-lines（未出版，翻译出自其手稿）John Colson, Sir Isaac Newton.To which is Subjoin'd, a Perpetual Comment Upon the Whole Work. Henry Woodfall,1736

[4] Sir Isaac Newton.The Mathematical Principles of Natural Philosophy. Florian Cajroi,1969 (http://www.amazon.com/Mathematical-Principles-Natural-PhilosophyVolumes/dp/0837123003)

[5] http://en.wikipedia.org/wiki/Secretary_problem

[6] S. M. Gusein-Zade.The problem of choice and the optimal stopping rule for a sequence of random trials.Teor. Veroyatnost. i Primenen, 1966,11(3)：534~537

[7] H. Bernhard, Doubleday.The Bernoulli Family.Page & Company, 1938

[8] Catenary-Wikipedia (http://en.wikipedia.org/wiki/Catenary)

[9] Robert A. Nowlan.A Chronicle of Mathematical People (http://www.robertnowlan.com)

[10] D.T.Whiteside.Newton the mathematician.Contemporary Newtonian Research. 122

[11] C. Huygens.The Pendulum Clock or Geometrical Demonstrations Concerning the Motion of Pendula (sic) as Applied to Clocks. R. J. Blackwell.Iowa State University Press,1986

[12] Courant R, Hilbert D.Methods of Mathematical Physics. Vol. I. Interscience Publishers,1953, 184~185

[13] D'Alembert. Recherches sur la courbe que forme une corde tenduë mise en vibration. Histoire de l'académie royale des sciences.1747.214~219(http://books.google.com/books?id=lJQDAAAAMAAJ&pg=PA214#v=onepage&q&f=false)

[14] Joseph Fourier.The Analytical Theory of Heat. Dover Phoenix Editions,1878(http://www3.nd.edu/~powers/ame.20231/fourier1878.pdf)

[15] J. Steiner.Einfacher Beweis der isoperimetrischen Hauptsätze, J. reine angew, 1838, PP.281~296

[16] 钱伟长 . 论拉氏乘子法及其唯一性问题 . 力学学报 .1988,20(4)

[17] Craig G. Fraser.Isoperimetric Problems in the Variational Calculus of Euler and Lagrange.Historia Mathematica,1992, 4~23

[18] 有关蚂蚁觅食路径的新闻（http://www.ngmchina.com.cn/web/?action-viewnews-itemid-201166）

[19] Accord de différentes loix de la nature qui avoient jusqu'ici paru incompatibles（http://en.wikisource.org/wiki/Translation:Accord_between_different_laws_of_Nature_that_seemed_incompatible）

[20] Les loix du mouvement et du repos déduites d'un principe metaphysique（http://en.wikisource.org/wiki/Translation:Derivation_of_the_laws_of_motion_and_equilibrium_from_a_metaphysical_principle）

[21] The Mighty Mathematician You've Never Heard Of（http://www.nytimes.com/2012/03/27/science/emmy-noether-the-most-significant-mathematician-youve-never-heard-of.html?ref = science）

[22] Noether E. Invariante Variationsprobleme. Nachr. D. König. Gesellsch. D. Wiss.

Zu Göttingen, Math-phys. Klasse,1918,235~257.

[23] Richard P. FeynmanThe Development of the Space-Time View of Quantum Electrodynamics, 1965 (http://www.nobelprize.org/nobel_prizes/physics/laureates/1965/feynman-lecture.html)

[24] R. P. Feynman and J. A. Wheeler. Reaction of the absorber as the mechanism of radiative damping. Physical Review (2), 1941,59(8):683

[25] Wheeler, John Archibald and Feynman, Richard Phillips.Interaction with the absorber as the mechanism of radiation. Reviews of Modern Physics, 1945, 17 (2~3):157~181.

[26] Dirac, Paul A. M. The Lagrangian in Quantum Mechanics. Physikalische Zeitschrift der Sowjetunion,1933,3: 64~72

Van Vleck, John H . The correspondence principle in the statistical interpretation of quantum mechanics. National Academy of Sciences,1928,14 (2): 178~188

[27] James Gleick.GENIUS The Life and Science of Richard Feynman. New York: Pantheon Books

[28] R. 费曼 . 别闹了，费曼先生 . 北京：生活•读书•新知三联书店 .1997

[29] 张天蓉 . 硅火燎原 (http://blog.sciencenet.cn/home.php?mod = space&uid = 677221&do = blog&quickforward = 1&id = 741018)

[30] 张天蓉 . 蝴蝶效应之谜——走近分形与混沌 . 北京：清华大学出版社 .2013

[31] 张天蓉 . 世纪幽灵——走近量子纠缠 . 北京：中国科技大学出版社 .2013

[32] Heath, Thomas L.The Thirteen Books of Euclid's Elements. New York: Dover Publications. 1956

[33] 欧几里得 . 几何原本 . 徐光启 , 利玛窦 . 北京

[34] O'Connor,J. J., E. F. Robertson. Alexis Clairaut. MacTutor History of Mathematics Archive. School of Mathematics and Statistics.Scotland: 2009

[35] P Speziali, Une correspondance inédite entre Clairaut et Cramer.Rev. Hist.Sci. Appl.8,1955,193~237

[36] 科学史上著名公案——牛顿与胡克之争（http://w.baike.com/8d23dccf29c84a4c942f0adbc0134ca3.html）

[37] Carl Friedrich Gauss.General Investigations Of Curved Surfaces Unabridged. Adam Hiltebeitel, James Morehead.Wexford College Press, 2007

[38] Halstead.Geometrical investigations on the theory of parallel lines.G.N.Bonola: 1912

[39] Martin Gardner,Non-Euclidean Geometry.The Colossal Book of Mathematics, W.W.Norton & Company.2001. Chapter 4

[40] GAUSS C F. Werke IV [M]. KÊniglichen Ge2 sellschaft der Wlsse Nschaften. Gottingen. 1880: 2172258; Ⅷ 226;381;442;4352436;182

[41] Karl Friedrich Gauss.General Investigations of Curved Surfaces of 1827 and 1825. The Princeton University Library. 1902

[42] Bernhard Riemann.On the Hypotheses which lie at the Bases of Geometry. William Kingdon Clifford.Nature, 1873.8:14~17, 36~37 http://www.emis.de/classics/Riemann/WKCGeom.pdf

[43] Wikipedia（http://en.wikipedia.org/wiki/Covariance_and_contravariance_of_vectors）

[44] Yvonne Choquet-Bruhat,Choquet-Bruhat,edia.o.Analysis, manifolds and physics. Netherlands:North Holland Publishing Company.1982

科学出版社

科龙图书读者意见反馈表

书　　名 ________________________________

个人资料

姓　　名：____________　年　　龄：__________　联系电话：______________

专　　业：____________　学　　历：__________　所从事行业：____________

通信地址：________________________________　邮　　编：__________

E-mail：________________________________

宝贵意见

◆ 您能接受的此类图书的定价

20元以内□　30元以内□　50元以内□　100元以内□　均可接受□

◆ 您购本书的主要原因有(可多选)

学习参考□　教材□　业务需要□　其他____________

◆ 您认为本书需要改进的地方(或者您未来的需要)

____

____

◆ 您读过的好书(或者对您有帮助的图书)

____

____

◆ 您希望看到哪些方面的新图书

____

____

◆ 您对我社的其他建议

____

____

谢谢您关注本书！您的建议和意见将成为我们进一步提高工作的重要参考。我社承诺对读者信息予以保密，仅用于图书质量改进和向读者快递新书信息工作。对于已经购买我社图书并回执本“科龙图书读者意见反馈表”的读者，我们将为您建立服务档案，并定期给您发送我社的出版资讯或目录；同时将定期抽取幸运读者，赠送我社出版的新书。如果您发现本书的内容有个别错误或纰漏，烦请另附勘误表。

回执地址：北京市朝阳区华严北里11号楼3层
科学出版社东方科龙图文有限公司经营管理编辑部(收)
邮编：100029